Sammlung
neuer
mathematischer Aufgaben.

Von

A. von Forstner,
Lieutenant im zweiten Garde-Regiment und Lehrer der Mathematik
bei der Grenadier-Divisions-Schule.

Mit einer Kupfertafel.

Berlin, 1819.
Gedruckt und verlegt
bei G. Reimer.

Vorwort.

Bei den schätzbaren Sammlungen mathematischer Aufgaben, die wir bereits besitzen, mogte es überflüssig scheinen, dieselben noch zu vermehren; aber die Anzahl dieser Sammlungen ist eben nicht so groß, und ihr Inhalt nicht so erschöpfend, daß nicht jeder Beitrag erwünscht seyn sollte, um so mehr, da fast eine jede *neue Sammlung* die Aufgaben früherer Sammlungen, durch mehr oder minder neue Aufgaben vermehrt enthält, und hierdurch den Lösern und Freunden mathematischer Aufgaben, nicht nur oft Zeit und Lust genommen wird, die nicht selten nur spärlich vertheilten neuen aufzusuchen, sondern sie müssen auch die Aufgaben immer von neuem anschaffen; die sie vielleicht schon mehr als ein Mal besitzen, wodurch die Anschaffung derselben sehr kostspielig wird, was schon bei mathematischen Werken, des schwierigen Satzes und der Kupfertafeln wegen, nicht anders seyn kann. Von diesem Vorwurfe sollte nun allerdings eine Sammlung neuer Aufgaben frei seyn. Aber in wie fern sind gegenwärtige Aufgaben neu zu nennen? Die überaus mannigfaltige Behandlung und Anwendung der Mathematik, macht es allerdings schwer, noch neue unbekannte Aufgaben zu finden, und doch ist meines Wissens noch keine wesentliche der folgenden Aufgaben, in bekannten Sammlungen vorhanden, wenigstens habe ich mehrere derselben hierüber nachgeschlagen *), bin aber weit entfernt von dem Glauben, als kenne ich alle vorhandene Sammlungen. Die Neuheit meiner Aufgaben, kann sich ferner wohl nur auf die erste, vierte und fünfte Abtheilung beziehen, da der Form nach die Aufgaben der zweiten und dritten Abtheilung wohl schon in Sammlungen enthalten sind, ja in mathematischen Werken enthalten seyn müssen; aber vorliegende Beispiele sind sämmtlich neu. Es scheint mir nöthig, mich hierüber näher zu erklären. Zuerst habe ich

*) Zu spät um eine Aenderung ohne große Mühe zu veranlassen fand ich, daß meine zweite geometrische Aufgabe, die Aufgabe des 77sten Paragraphs der vortrefflichen geometrischen Aufgabe von Meyer Hirsch, ist.

einige hier und da gemachte Gleichungen gesammelt, und stelle sie hier in eine Ordnung zusammen, die allerdings auffallen muß, denn Gleichungen von verschiedenen Graden, bald mit einer bald mit mehreren unbekannten Größen, oft leichtere Aufgaben den schwereren folgend, zusammenzustellen, scheint mehr als unsystematisch, — und doch hat es seinen Grund, indem ich glaube, daß es schwerer ist eine Aufgabe zu lösen, wenn man vorher nicht weiß zu welcher Klasse sie gehört, sondern dies selbst erst suchen muß, als im entgegengesetzten Falle; dann ist es mir oft vorgekommen, daß selbst geübte Löser, bei Aufgaben lange Zeit zubrachten, aus dem Grunde — weil sie ihnen zu leicht waren, sie suchten den Grund tief und er lag ganz nahe; diesem zu begegnen folgen, doch nur selten, leichtere Aufgaben den schwereren. Wer die quadratischen Gleichungen noch nicht zu lösen versteht, wird sie bei dem Ansatze bald herausfinden, und kann sie ja übergehen. Daß ich die Auflösungen nicht beigefügt habe, bedarf wohl keiner Entschuldigung, sie hätten das Werkchen unnütz vermehrt, und schaden manchem Löser nur, der sich zu früh bei ihnen Rath holt. Die Resultate stehen darin nicht gleich bei der Aufgabe, sondern folgen zusammen der letzten, um auch hier der gerechten Klage der Löser zuvor zu kommen, unwillkührlich dieselben zu lesen, und so die Ueberraschung zu verlieren, die das Lösen der Gleichungen, fast vor allen arithmetischen und algebraischen Aufgaben zum voraus hat, indem die Aufgabe fast immer einem Räthsel gleicht, dessen Auflösung dem Geübten nicht fehlen kann. Vielleicht habe ich den Reiz für die Auflösung der Gleichungen dadurch erhöht, daß ich auch solche machte, deren Resultat ein bekannter Name ist, was offenbar überraschender wird, als eine Zahl u. dgl. m. zu entwickeln; wie dies zu verstehen ist, sagt die Anmerkung vor der ersten Aufgabe; doch dürften sie nur mit anderen Gleichungen untermischt seyn, da man wohl nicht genug, bei mathematischen Aufgaben die Eintönigkeit vermeiden müßte.

Den Gleichungen folgen trigonometrische Aufgaben, und diesen, Aufgaben aus der Kreisberechnung. Sie mögen mehr zu einer Sammlung von Beispielen dienen, als daß in ihnen neue Methoden zur Auflösung dieser Rechnungarten enthalten wären; für Abwechselung glaube ich hierbei gesorgt zu haben, und nicht zu viel zu sagen, daß jeder der diese Aufgaben gelöset hat, eine hinlängliche Kenntniß über die verschiedenen Bedingungen bei einfachen Triangeln sich erworben hat, und in vorkommenden Fällen auch, nicht zu sehr zusammengesetzte Verbindungen von Triangeln, wird zu behandeln verstehen; den geübten Trigonometer können und sollen diese Aufgaben auch noch nicht bilden.

Die Aufgaben aus der Kreisberechnung enthalten gleich eine Anwendung der Trigonometrie, in der

Entwickelung der Segmente. Die Bedingungen sind hier so mannigfaltig wie möglich gewählte, enthalten aber dennoch nicht alle mögliche Fälle. Bei diesen Aufgaben aber, hielt ich eine Hülfe für nöthig, nämlich das Bilden der Proportionen und Andeutung der, vor Behandlung derselben oft noch erst zu entwickelnden Größen, ja bei einigen Aufgaben war wohl eine noch bedeutendere Hülfe nicht überflüssig. In wiefern diese Aufgaben auch für denjenigen brauchbar sind, der die Kenntniß der Trigonometrie entbehrt, habe ich in der Einleitung zu diesen Aufgaben gesagt, ließ sie aber dennoch, für die Trigonometer, den trigonometrischen Aufgaben folgen.

Die vierte Abtheilung enthält die analytischen Aufgaben, sich größtentheils auf die regulären Polygone beziehend, und ich glaube, daß mehrere Betrachtungen über dieselben, wie ich sie hier anstelle, nicht unwillkommen sind. Es ist offenbar interessant, die verschiedenen Verhältnisse der Perimeter dieser Figuren mit der Peripherie, der Flächen mit dem Kreise, die Näherungen jener zu diesen u. s. w. zu betrachten.

Ob ich Recht habe zu behaupten, daß Anfänger größtentheils, über den Zusammenhang der Perimeter der Figuren und der Flächen derselben, sich irrige Begriffe zu machen geneigt sind, oft wohl wähnen, mit einer Linie nur eine Fläche begrenzen zu können, und ob nicht dieser Irrthum vielleicht einen psychologischen Grund hat, — überlasse ich Lehrern und Kennern zu beurtheilen; daß ich vorzüglich diesem zu entgegnen immer hindeute, wird unverkennbar seyn. Der Zusatz nach der dritten Aufgabe ist vorzüglich hierauf berechnet, dürfte aber wohl hier nur historisch angeführt werden; etwas vollkommen Genügendes hierüber, vermisse ich selbst in den besten mathematischen Schriften, und vielleicht könnte der Gegenstand, eines eigenen Werkes Stoff werden. Die Entwickelung des Verhältnisses der Peripherie des Zirkels zu seinem Durchmesser, wie ich sia hier durch die Trigonometrie gebe, mögte wohl neu seyn; doch Kenner sind vielleicht hierüber unterrichteter als ich, und ihrem Urtheil unterwerfe ich das meinige auch, wenn ich nämlich glaube, dem Schüler den Vortrag der Kreisberechnung nach Erlernung der Trigonometrie zu erleichtern, da dies doch auch vor derselben geschehen kann, wenn auch auf mühsamerem Wege; den Vortheil der leichteren Berechnung der Segmente und andere Vortheile zu geschweigen. — Daß weder die Peripherie des Kreises die mittlere Proportionallinie zwischen den Perimetern gleichnamiger regulären Polygone in und um den Kreis, noch der Kreis selbst die mittlere Proportionalfläche zwischen den Flächen jener beiden Polygone ist, was Anfänger so gern anzunehmen gesonnen sind, habe ich auch gezeigt. —

Endlich sind noch einige geometrische Aufgaben, größtentheils die Construction beim Kreise betreffend, hinzugefügt. Mein Augenmerk richtete ich hierbei vorzüglich auf deren analytische Lösung (fügte aber die synthetischen Beweise größtentheils auch hinzu), in der festen Ueberzeugung, daß die Quantität der gelöseten Aufgaben, weniger den geübten Löser machen, als die vielseitige Behandlung einer Aufgabe, Erwägung der möglichen und unmöglichen Fälle u. s. w.; ob aber die Qualität der hier gegebenen Aufgaben dieser Behauptung entspricht, ist kein Urtheil für mich. Näher mich über den synthetischen und analytischen Weg einzulassen, war hier nicht der Ort. — Die Anmerkung zur neunten Aufgabe wird mir nicht übel gedeutet werden, wenn ich eine Gelegenheit wahrnahm, die Anwendung einer einfachen Aufgabe auf die erhabensten Gegenstände der Größenlehre zu machen.

Zum Schluß dieser Worte, bitte ich Kenner der Mathematik, denen vielleicht diese Zeilen zu Gesicht kommen sollten, und die sie ihrer Betrachtung werth halten, um ihre Ansichten, wo sie mit den meinigen vielleicht abweichen, so wie eine Berichtigung, wenn ich Aufgaben für neu hielt, die sich vielleicht in Sammlungen schon finden, oder wenn irgendwo Rechenfehler entdeckt werden sollten; es würde Thorheit seyn, in oft seitenlangen Rechnungen, sich von ihrem Einflusse ganz frei sprechen zu wollen. —

Daß diese Zeilen für Anfänger und Freunde der Mathematik, und nicht für ausgeübte Löser (in so fern dies überhaupt möglich wäre) geschrieben wurden, bedarf keiner weitern Anzeige, und sollten sie hie und da Nutzen stiften, so bleibt mir nichts zu wünschen übrig.

Berlin, am 4ten im Februar 1819.

v. Forstner.

Inhalt.

Berichtigung.

Seite 64, Zeile 15 v. u., statt: sieht, lies: sucht.

I. Gleichungen.

Gleichungen vom ersten und zweiten Grade, mit einer und mehreren unbekannten Größen. (Die Resultate stehen nach der funfzigsten Aufgabe.)

Anmerkung. Mehrere der nachfolgenden Gleichungen verlangen einen Namen zu berechnen; dies ist so zu verstehen: man schreibe das Alphabet, und bezeichne jeden Buchstaben mit der Ziffer, die seine Ordnung im Alphabete mit sich bringt; das Resultat der Gleichung bringt nun die Zahlen der einzelnen Buchstaben, durch deren Zusammensetzung der Name entsteht. Es ergiebt sich hier sogleich, ob man richtig gerechnet hat, da wohl so leicht durch eine unrichtige Rechnung kein möglicher Name entstehen kann.

1.

Zwei Läufer laufen nach einem Ziel. Als A. $\frac{4}{5}$ der Rennweite zurückgelegt hatte, war B. nür noch $\frac{1}{10}$ derselben vom Ziele entfernt. Die durchlaufenen Räume beider zusammen, überstiegen die Länge der Rennbahn um 350 Fuß. — Wie lang war die Bahn?

2.

Es zapft jemand von einem Fasse mit Wein eines Tages den sechsten Theil ab, am folgenden Tage vom Reste wieder den fünften Theil. Jetzt gießt er 8 Quart Wasser hinzu, wodurch das Faß wieder gefüllt wird. — Wie viel Quart konnte es fassen?

3.

Eines Thiers Namen bilden die vier ersten Buchstaben einer Zahl, welche so bestimmt wird: wenn man von ihrer Hälfte 20 abzieht, so ist der Rest so viel, wie der Quotient den man erhält, wenn man von der zu suchenden Zahl 10 abzieht und den Rest durch 3 dividirt. — Welche Zahl ist dies, und wie heißt das Thier?

Anmerk. Diese Aufgabe bezieht sich nicht auf die vor der ersten Aufgabe gegebenen Nachricht.

4.

In einer Gesellschaft sind noch einmal so viel Männer als Frauen, und dreimal so viel Kinder als Frauen. Die Quadratzahlen der Männer-, Frauen- und Kinderzahl addirt, geben 1400. — Wie viel Männer, Frauen und Kinder waren es?

5.

A. sagte: ich habe noch einmal so viel Vermögen als Schulden; B. sagte: ich habe fünfmal so viel Schulden als Vermögen; meine Schulden nebst Vermögen betragen zusammen so viel als deine Schulden, unsere beiderseitigen Schulden nebst Vermögen machen 48000 Rthl. — Wie viel Schulden und Vermögen hatte jeder?

6.

Der Werth einer Dose und eines Ringes beträgt zusammen 2000 Rthl. — Wenn man zu des Ringes Werth 400 Rthl. hinzuthut, so ist dies der Dose Werth. — Was ist Ring und Dose am Werthe?

7.

Es will jemand einen Wagen, Pferde und Zubehör anschaffen. Er soll für alles zusammen 1500 Rthl. geben;

für den Wagen nebst Zubehör werden 900 Rthl. gefordert; der Werth des Zubehörs vom Preise des Wagens nebst der Pferde hinweggenommen, läßt 1300 Rthl. — Was sollte jedes für sich kosten?

8.

Der Name eines Mannes besteht aus vier Buchstaben, welche auf folgende Art bestimmt werden: der Erste ist gleich dem vierten und noch 14 mehr, der Zweite ist gleich dem Ersten weniger 10, der Dritte ist gleich der Hälfte von der Summe des Ersten und Vierten. — Ueberdies ist die Summe der beiden letzten Zahlen gleich der Ersten + 3. — Wie heißen die Zahlen und wie ist der Name?

9.

Ein Schüler fragte den Lehrer nach dem Alter des Königs. Viermal so alt als der Kronprinz, war die Antwort; wenn man aber des Sohnes Alter mit sich selbst multiplizirt und des Vaters Alter hierzu addirt, so erhält man die Zahl 192. — Wie alt war jeder?

10.

Ein Vater ist viermal so alt als seine Tochter, die Mutter nur dreimal so alt als dieselbe; aller Jahre betragen zusammen 96. — Wie alt ist der Vater, die Mutter und die Tochter, und nach wie vielen Jahren wird der Vater nur noch einmal so alt seyn als die Tochter?

11.

Einer Stadt Name besteht aus 4 Buchstaben. Der Erste ist der doppelte Letzte weniger 4, der Zweite ist der doppelte Dritte weniger 1, die Summe der beiden Letzten gleich 18, und die Summe des Ersten und Dritten gleich 27. — Wie heißen die Zahlen und die Stadt?

12.

Welcher Name besteht aus vier Buchstaben, die so bestimmt werden: der Zweite gleich der Summe der übrigen

Buchstaben und noch 3 mehr; der Erste ist die Hälfte des Dritten, der Dritte ist gleich dem Vierten weniger 1. Auch kann man den Letzten erhalten, wenn man den Zweiten durch den Ersten dividirt, und vom Quotienten 2 subtrahirt? —

13.

Es wirft jemand mit einer Anzahl Würfeln in drei Malen 44 Augen; das erste Mal 9 Augen mehr das zweite Mal 5 mehr und das dritte Mal 18 mehr, als es der Würfel waren. — Wie viele Würfel waren es?

14.

Es kauft jemand eine Anzahl Stücke Tuch, und zwar noch ½ mal mehr schwarzes als rothes, noch einmal so viel blaues als rothes und zweimal so viel weißes als rothes. Wenn man die Anzahl der weißen und rothen mit einander multiplizirt, so ist das Produkt 2 mehr als die Summe aller Stücke. — Wie viele Stücke waren es von jeder Sorte?

15.

Vier Buchstaben bilden den Namen einer Stadt. Sie werden so bestimmt: der Zweite ist 2 mehr als der Erste, der Dritte ist der 17te Theil des Zweiten, der Letzte ist 10 weniger als der Zweite. Multiplizirt man aber die Summe der beiden ersten Buchstaben mit dem Letzten, so ist die Zahl 224 das Produkt. — Die Zahlen und den Namen zu finden.

16.

Ein Vater ist so alt wie sein Sohn und seine Tochter zusammen. Der Tochter Alter verhält sich zum Alter des Sohnes wie 7 : 8; es ist ferner das Alter des Vaters und der Tochter zusammen 88 Jahre. — Wie alt ist jeder?

17.

Wie heißt die Stadt, deren Namen aus fünf, auf folgende Art bestimmten Buchstaben besteht: der Erste ist 2 weniger als der Dritte, der Zweite ist der 17te Theil von der Summe des Ersten und der Zahl 2, der Vierte ist die Hälfte des Dritten plus 1, der Vierte ist aber auch die Hälfte des Fünften. Ueberdies ist die Summe der beiden ersten Buchstaben 1 weniger als der Dritte. — Die Zahlen sind, und die Stadt heißt?

18.

Man soll bestimmen in wie viel Zeit 3 Röhren ein Gefäß füllen, sobald sie zusammenlaufen, wenn die erste Röhre um es allein zu füllen 48 Stunden, die zweite 20 Stunden und die dritte 25 Stunden gebrauchen. —

19.

Vor 8 Tagen ist ein Bote nach einem 440 Meilen entfernten Ort abgeschickt und macht täglich 12 Meilen; er soll, ehe er den Ort erreicht, durch einen zweiten Boten eingeholt werden, der täglich 16 Meilen macht. — Bei der wievielten Meile vom Ausgangsorte aus, wird er den Ersten einholen?

20.

In einer Stadt sind achtmal mehr Einwohner als Häuser; wenn man aber von der Quadratzahl der Gebäude die Anzahl der Einwohner abzieht, so ist der Rest 9200. — Wie viele Häuser und wie viele Einwohner hat die Stadt?

21.

In einer Gesellschaft wird zu einer Unterstützung Geld gesammelt. Nun giebt die Hälfte der Gesellschaft, jeder so viele Thaler als die Hälfte der ganzen Gesellschaft Personen hat; vom vierten Theile der ganzen Gesellschaft giebt jeder so viel Thaler als Personen in der ganzen Gesellschaft sind; vom fünften Theile der Gesellschaft giebt jeder 5 Thaler mehr als Personen in der ganzen Gesellschaft sind, und vom zwanzigsten Theile der Gesellschaft giebt jeder fünfmal so viel Thaler als die ganze Gesellschaft Personen hat. Das gesammelte Geld betrug 400 Rthl. — Wie viele Personen waren in der Gesellschaft?

22.

B. sagt zu A.: hätte ich 6 Rthl. mehr, so hätte ich so viel als du, worauf A. erwidert: hätte ich noch $\frac{1}{2}$ mal so viel als ich habe, so würde ich noch einmal so viel als du haben. — Wie viel hatte jeder?

23.

Eines Thieres Name besteht aus vier Buchstaben, davon jeder durch eine für sich bestehende Gleichung bestimmt wird:

Der erste Buchstabe ist der Anfangsbuchstabe einer Zahl, die man erhält, wenn man ihre Quadratwurzel mit 1000 multiplizirt.

Der zweite Buchstabe ist wieder der erste Buchstabe einer Zahl, wo der Rest, wenn man von ihr 4 subtrahirt, so groß ist als der Quotient, wenn man sie durch 2 dividirt.

Der dritte Buchstabe ist der zweite Buchstabe einer Zahl, welche die Eigenschaft hat, daß, wenn man von ihr 5 subtrahirt, den Rest quadrirt, von diesem Quadrate die eben quadrirte Zahl wieder subtrahirt und den Rest durch 6 dividirt, man zum Quotienten die Zahl selbst wieder erhält.

Der vierte Buchstabe ist wieder einer Zahl Anfangsbuchstabe, die so bestimmt wird: wenn man sie zum Quadrat erhebt und dann 1 zu addirt, man so viel erhält, als wenn man zu ihr selbst 1 addirt, diese Summe quadrirt, und vom Quadrate 14 subtrahirt.

Welche Zahlen sind dies, und wie heißt das Thier?

Anmerk. Auch hier liegt den Buchstaben in Beziehung auf die Zahlen, eine andere Bedeutung unter, als bei den übrigen Namengleichungen; es ist diese Bedeutung ähnlich mit der, bei der dritten Aufgabe.

24.

A. und B. treten gemeinschaftlich einen Handel an, wozu B. noch $\frac{1}{2}$ mal mehr als A. giebt; jetzt will C. diesem Handel beitreten, und nachdem er zufolge des Vertrags so viel als A. und B. zusammen gegeben hatte, so war das Geld aller dreier zusammen, dreimal so viel als B. allein gegeben hatte und noch 2000 Rthl. mehr. — Wie viel gab ein jeder Beitrag?

25.

Wie heißt der Mann, dessen Name aus 8 auf folgende Weise bestimmten Buchstaben besteht: der Erste ist 3 mehr als der fünffache Zweite, der Dritte ist 10 weniger als der Erste, der Vierte ist der dreifache Zweite, der Fünfte ist 2 mehr als der Vierte, der Sechste ist 3 größer als der Dritte, der Siebente ist gleich dem dritten Theile des Ersten weniger 1, der Achte ist 1 weniger wie der Erste; man weiß auch noch, daß die Summe der drei ersten Buchstaben gleich ist der Summe des Fünften, Sechsten und Siebenten, plus der Zahl 2. — Wie heißen die 8 Zahlen, und wie der Mann?

26.

Nach einer Schlacht bestand ein Regiment aus $\frac{2}{3}$ so viel Offiziere als Unteroffiziere; multiplizirt man die Zahl der Offiziere und Unteroffiziere mit einander, so ist das Produkt noch um 800 mehr als die doppelte Zahl der Gemeinen; wird aber die Anzahl der Gemeinen durch die der Offiziere dividirt, so ist der Quotient 35. — Wie viel waren es noch Offiziere, Unteroffiziere und Gemeine?,

27.

Es hat jemand 2 Uhren und 2 Dosen. Er bestimmt den Werth jedes dieser 4 Stücke auf folgende Art: die Werthe der Uhren verhalten sich wie 1 zu 3, und die theuerste Dose ist viermal so viel an Werth als die wohlfeilere; der Preis der wohlfeileren Dose beträgt nur die

Hälfte vom Preise der wohlfeileren Uhr. Wenn ich aber die Summe der Werthe der theurern Uhr und der wohlfeileren Dose quadrire, so ist dies Quadrat gerade so groß wie wenn ich zum Werthe aller vier Stücke fünf Thaler zuthue, diese Summe mit 50 multiplizire und zu dem neuen Produkte den Werth der wohlfeileren Dose mit $68\frac{1}{3}$ multiplizirt, addire. — Was kostet jedes Stück?

28.

Aus 6 Buchstaben besteht eines Mannes Name, die, wie folgt bestimmt werden: der Erste ist die Hälfte des Zweiten, der Dritte ist 2 weniger als der Erste, der Vierte ist gleich 9 plus zweimal dem Sechsten, und der Fünfte 3 mehr als der Letzte. Es ist noch bekannt, daß der dritte Buchstabe gleich dem Sechsten, und der Zweite um 9 größer als der Sechste ist. — Wie heißen die Zahlen und wie der Name?

29.

Bei einer Herrschaft erhält der erste Bediente jährlich 4 Rthl. mehr als der Zweite; als der erste Bediente $\frac{1}{2}$ Jahr und der Zweite $\frac{1}{4}$ Jahr gedient hatten, gingen beide aus dem Dienste. Jeder erhielt, was ihm für seine Dienstzeit zukam, und beide hatten zusammen 17 Rthl. in gedachten Zeiten verdient. Was war der festgesetzte Lohn eines jeden gewesen?

30.

In 2 Stuben befinden sich Kinder; in der zweiten 4 Kinder mehr als in der ersten Knaben, und doch 4 Kinder weniger als in der ersten Kinder. Die Kinder beider Stuben sind zusammen 44. — Wie viele Knaben und wie viele Mädchen waren in der ersten, wie viele Kinder aber in der zweiten Stube?

31.

Ein Landmann giebt seinen, während des Krieges erlittenen Schaden an Ochsen, Schafen und Schweinen auf 1700 Rthl. an; die Anzahl jeder verlornen Viehart bestimmt er so: es waren 8 mal so viel Schafe als Ochsen, und $\frac{5}{8}$ der Anzahl Schafe waren Schweine. Es kostete ein Schaf halb so viel Thaler als es der Ochsen waren, ein Ochse 16 mal so viel wie ein Schaf, ein Schwein aber so viel als es der Ochsen waren. — Wie viel waren es von jeder Viehart?

32.

Bei einer zu bezahlenden Weinzeche findet es sich, daß jeder Trinker den fünften Theil so viel Geld geben muß, als es Personen sind, worauf der Wirth 45 Rthl. erhielt. — Wie viele Personen waren es?

33.

Ein Bauer hat eine Anzahl alter Hühner, wovon jede so viele Jungen hat als es Alte sind; ein zweiter Bauer hat nur halb so viel alte Hühner als der erste Bauer, doch hat jede dieser alten Hühner noch einmal so viel Jungen als es der Alten sind. Die Anzahl der alten und jungen Hühner beider Bauern zusammen, ist 27 mal so groß, als die Anzahl der Hühner des zweiten Bauers. — Wie viele alte und wie viele junge Hühner hatte jeder?

34.

Es giebt jemand das Alter seines Bruders, seiner Schwester und sein eigenes Alter auf folgende Weise an: als mein Großvater starb war mein Bruder noch einmal so alt als ich, als mein Vater starb war der Bruder 4 Jahr älter als ich, und als die Mutter starb war der Bruder doppelt so alt als die Schwester. Als der Vater starb war die Schwester gerade so alt, wie der Bruder beim Tode des Großvaters war; ich war aber beim Tode des Vaters doppelt so alt, als meine Schwester beim Tode desselben. — Wie alt war jeder beim Tode des Großvaters, des Vaters und der Mutter, und wie viele Jahre starb der Vater nach dem Großvater und die Mutter nach dem Vater?

35.

Einer Fruchtart Namen besteht aus vier Buchstaben, wovon jeder der Anfangsbuchstaben einer Zahl ist, welche 4 Zahlen auf folgende Weise bestimmt werden: die Summe der 3 ersten ist 27, die Summe der ersten, zweiten und vierten ist 23, die Summe der drei ersten weniger der vierten ist 22, endlich ist die Summe der ersten, dritten und vierten weniger der zweiten gleich 10. — Welche Zahlen sind dies, und wie heißt die Fruchtart?

36.

Nach der Verordnung eines Verstorbenen sollen zuerst die Schulden bezahlt werden, welche die Hälfte der Nachlassenschaft betragen. Die Wittwe soll den fünften Theil des Hinterlassenen bekommen, der Sohn $\frac{3}{4}$ von dem der Wittwe, die Tochter den zehnten Theil vom ganzen hinterlassenen Vermögen, und ein Bruder des Verstorbenen die Hälfte von dem der Tochter. Was der Sohn, die Tochter und der Bruder zusammen bekommen, trug 1200 Rthl. aus. Was erhält jeder, und wie viel beträgt das Hinterlassene?

37.

Der Name eines Mannes besteht aus 8 Buchstaben, die so bestimmt sind: der Zweite ist 1 größer als der doppelte Siebente, der Vierte ist gleich dem Siebenten, der Sechste ist das Vierfache des Ersten, der Achte ist die Differenz wenn man vom Dritten den Fünften abzieht, der Zweite ist gleich dem Achten weniger zweimal den Fünften, der Siebente ist der Quotient den man erhält, wenn man vom Achten 2 subtrahirt und die Differenz durch 3 dividirt, endlich ist der Sechste so viel als die Summe des Vierten und Fünften. — Diese so bestimmten Zahlen und der zugehörige Namen werden gesucht.

38.

Wenn man von einem Orte A. nach einem andern B. will, so trifft man die Oerter C., D. und E. nach dieser

Ordnung. Es ist von C. bis D. nur halb so weit als von A. bis C., von D. bis E. ist es 10 Meilen mehr wie von C. bis D, von E. bis B. aber 10 Meilen weniger wie von A. bis C. Ferner ist der Weg von AC. weniger dem CD., so groß wie der Unterschied des Weges CB. weniger dem DE., und diese Differenz verdoppelt. — Wie groß ist jeder Weg zwischen 2 zunächst auf einander folgenden Oertern?

39.

Die Höhe eines Thurms wird auf folgende Art bestimmt: die ganze Höhe besteht aus den Höhen 1) der daneben stehenden Kirche, 2) von dieser bis zur Gallerie des Thurms, 3) von dieser bis zu einem Knopfe und 4) aus dem Knopfe und dem darauf stehenden Kreuze. Jede dieser Höhen wird nun wieder so bestimmt: das Viertel der Höhe der Kirche zu dieser Höhe addirt, giebt den Abstand der Spitze der Kirche von der Gallerie, von der Gallerie bis zum Knopf ist der vorigen Höhe Hälfte, und Knopf nebst Kreuz ist der fünfte Theil der Höhe zwischen Spitze der Kirche und Gallerie. Wenn man überdies die beiden Höhen der obersten Abschnitte mit einander multiplizirt, so ist das Produkt gleich 1600, hiervon aber noch das sechsmalige Produkt der Höhe zwischen Kirchspitze und Gallerie subtrahirt. — Wie viel beträgt jeder Abschnitt, und der Thurm?

40.

Was würde wohl ein schöner Ring und eine Uhr kosten, wenn das Quadrat der Differenz vom Werthe des Ringes weniger dem der Uhr glich 2500, und die Summe beider 750 Rthl. wäre?

41.

Es hat jemand 2 Klumpen Metall, einen von Eisen der 100 Pfund wiegt und 8 Rthl. kostet, und einen von Kupfer der 80 Pfund wiegt und 48 Rthl. kostet. Es wünscht jemand eine Mischung aus beiden Metallarten zu haben, die 5 Rthl. kosten und 30 Pfund wiegen soll. —

Wie viel Pfund Metall muß von jeder Sorte genommen werden?

42.

Es giebt jemand ein Kapital zu 5 p. Ct. auf Zinsen, und schlägt stets die Zinsen zum Kapital; nach Verlauf von 3 Jahren erhält er an Kapital und Zinsen $11576\frac{1}{4}$ Rthl. zurück. — Wie groß war das ausgeliehene Kapital?

43.

A. und B. haben zusammen 80 Rthl.; A. verschenkt von seinem Gelde 3 mal so viel als B., und nun hat jeder noch 20 Rthl. — Wie viel hatte jeder am Anfange?

44.

Jemand der nach seinem, seiner Mutter und seines Bruders Alter gefragt wurde, gab zur Antwort: meine Mutter ist dreimal so alt als der Bruder, ich bin aber 5 Jahr älter als derselbe: wenn man vom Produkt der Jahre der Mutter und des Bruders die meinigen abzieht, so bleibt 655 zum Reste. — Wie alt war er, die Mutter und der Bruder?

45.

Ein Spieler sagte: ich verlor $\frac{1}{4}$ des Geldes welches ich bei mir hatte, und gewann nachher $\frac{1}{3}$ von dem Anfangs gehabten wieder; das Produkt des Gewinnstes und Verlustes ist 300 Rthl. — Wie viel hatte er am Anfange, was betrug der Gewinnst und was der Verlust?

46.

Wie heißt die Zahl die quadrirt und hierauf um 9 vermindert, so viel giebt als wenn man sie mit 8 multiplizirt?

47.

Es bilden drei Zahlen eine geometrische Progression, welche die Eigenschaft hat, daß die Letzte durch die Erste dividirt, zum Quotienten die halbe Zweite giebt, ferner ist die Summe der beiden ersten Zahlen 4 weniger als die Dritte. — Diese Zahlen sind?

48.

Es hat jemand ein richtiges Spiel Karten, dieses ist beliebig gemischt; nun wird die erste Karte besehen, verdeckt auf den Tisch gelegt und so viele Karten darauf gelegt, daß ihre Summe 10 (oder m) macht, d. h. die Augen der untersten Karte mit den darauf gelegten Karten, wobei das Aß nur 1 gilt; so ist ein Haufen fertig. Jetzt besieht man die folgende Karte und verfährt mit ihr wie vorher, legt dann den dritten, vierten u. s. w. das ganze Spiel in Haufen aus; das Bild gilt 10 oder einen Haufen allein. — Wenn nun die Anzahl der Haufen v beträgt, und am letzten Haufen w Karten fehlen, so soll man eine Formel suchen, welche die Anzahl der Augen, die bei den verschiedenen Haufen zuerst vorkommen, angiebt.

Anmerk. Nennt man die Anzahl der Karten des Spiels z. B. n, so kann man die Formel auch bei einer willkührlichen Menge von Karten, deren Anzahl man jedoch wissen muß, gebrauchen.

49.

Ein Gefäß soll aus 12 Pfund reinem Golde bestehen; man wiegt es unter Wasser und es verliert $\frac{3}{4}$ Pfund; da Gold nur den 18ten Theil, unter Wasser gewogen, verliert, Silber aber den zwölften Theil, so ist die Frage: da das Gefäß nicht aus reinem Golde bestehen kann, wie viel Silber ist ihm beigemischt, da es genau 12 Pfund Gewicht hat.

50.

In dem Magazin einer Festung liegt so viel Getreide Vorrath, daß 400 Pferde 28 Tage lang unterhalten werden können; nachdem dieselben bereits 4 Tage davon gefressen haben, verlangt man, daß die Pferde bei $\frac{1}{2}$ Ration, sich noch 40 Tage aufhalten sollen. — Wie viele Pferde müssen also weggenommen werden, wenn dieser Bedingung ein Genüge geleistet werden soll?

Resultate der vorstehenden funfzig Gleichungen.

1) 500 Fuß.
2) 24 Quart.
3) Die Zahl 100, das Thier: Hund.
4) 10 Frauen, 20 Männer und 30 Kinder.
5) A. hatte 24000 Rthl. Vermögen und 12000 Schulden,
B. — 2000 — — — 10000 —
6) Werth des Ringes 800 Rthl., der der Dose 1200 Rthl.
7) Der Wagen 800, die Pferde 600, das Zubehör 100 Rthl.
8) Die Zahlen sind: 24, 14, 17, 10, der Name: York.
9) Alter des Königs 48 Jahr, des Prinzen 12 Jahr.
10) Vater 48, Mutter 36, Tochter 12 Jahr. Nach 24 Jahren.
11) Die Zahlen: 22, 9, 5, 13; die Stadt: Wien.
12) Die Zahlen: 2, 14, 4, 5; der Name: Bode.
13) Vier Würfel.
14) Es waren 4 Stücke roth, 6 St. schwarz, 12 St. blau, 8 St. weiß.
15) Die Zahlen 15, 17, 1, 7, die Stadt: Prag.
16) Der Vater ist 60, der Sohn 32 u. die Tochter 28 Jahr.
17) Die Zahlen 15, 1, 17, 9, 18, die Stadt: Paris.
18) In $9\frac{3}{133}$ Stunden, oder 9 Stunden 1 Minute 21 Sekunden $12\frac{24}{133}$ Tertien.
19) Bei der 384sten Meile.
20) Es sind 800 Einwohner und 100 Häuser.
21) Es waren 20 Personen.
22) A. hatte 24, B. 18 Rthl.
23) Die Zahlen: Millionen, 8, 15, 7, das Thier: Maus.
24) A. gab 4000, B. 6000 und C. 10000 Rthl.
25) Die Zahlen: 18, 3, 8, 9, 11, 11, 5, 17, der Name: Schiller.
26) Offiziere 40, Unteroffiziere 90, Gemeine 1400.
27) Die erste Uhr 30, die zweite 90, die erste Dose 15, die zweite 60 Rthl.
28) Die Zahlen 7, 14, 5, 19, 8, 5, der Name: Göthe.
29) Der erste Bediente bekam 24, der zweite 20 Rthl. Lohn.

30) In der ersten Stube waren 16 Knaben und 8 Mädchen, in der zweiten Stube nur 20 Kinder.
31) Ochsen 10, Schafe 80, Schweine 50.
32) Es waren 15 Personen.
33) Der erste Bauer hatte 8 alte und 64 junge Hühner, der zweite 4 alte und 32 junge Hühner, zusammen 108.
34) Als der Großvater starb war die Schwester noch nicht geboren, der ältere Bruder war 8, der jüngere 4 Jahr alt, als der Vater starb war die Schwester 8 Jahr, der erste Bruder 20, der zweite 16 Jahr, als die Mutter starb war die Schwester 12, der erste Bruder 24, der zweite 20 Jahr. Der Vater starb daher 12 Jahr nach dem Großvater und die Mutter 4 Jahr nach dem Vater.
35) Die Zahlen: 7, 11, 9, 5, die Fruchtart: Senf.
36) Das hinterlassene Vermögen betrug 4000 Rthl., die Schulden 2000, die Wittwe erhielt 800, der Sohn 600, die Tochter 400, der Bruder 200 Rthl.
37) Die Zahlen 2, 11, 20, 5, 3, 8, 5, 17, der Name: Blücher.
38) Von A. bis B. sind 240 Meilen, v. A. bis C. 80, v. C. bis D. 40, von D. bis E. 50 u. v. E. bis B. 70 Meilen.
39) Die Kirche ist 80 Fuß, von der Spitze der Kirche bis zur Gallerie sind 100 Fuß, von hier bis zum Knopfe 50 Fuß, der Knopf nebst Kreuz betragen 20 Fuß, also 250 Fuß der ganze Thurm.
40) Die Uhr 350 Rthl., der Ring 400 Rthl.
41) Für 2 Rthl. Eisen oder 25 Pfund, für 3 Rthl. Kupfer oder 5 Pfund von demselben.
42) Das Kapital betrug 10000 Rthl.
43) A. hatte 50, B. 30 Rthl.
44) Die Mutter war 45, der 1ste Sohn 20, der 2te 15 Jahr.
45) Am Anfang hatte er 60 Rtl. verlor 15 u. gewann 20 Rtl.
46) Die Zahl ist 9.
47) Die Zahlen 4, 8, 16.
48) Die verdeckten Augen betragen $(m + 1) v - n - w$.
49) Es waren 9 Pfund Gold und 3 Pfund Silber.
50) 60 Pferde müssen abgehen.

II. Trigonometrische Aufgaben.

Anmerk. Nachfolgende trigonometrische Aufgaben haben nur den Zweck, den Anfänger in der Auflösung der ebenen Triangel für sich, oder in nicht sehr zusammengesetzten Verbindungen unter einander, zu üben. Die hierzu nöthigen Vorkenntnisse müssen natürlich aus dem Vortrage oder aus Lehrbüchern über die Trigonometrie bekannt seyn. Es werden hier nur immer die gegebenen Stücke und die Resultate angeführt, und es ist leicht einzusehen, daß wenn diese als gegeben angenommen werden, umgekehrt die gegebenen Stücke wieder berechnet werden können, wodurch sich nachfolgende Aufgaben verdoppeln. Um die Figurenmenge nicht unnütz zu vermehren, dient ein Triangel immer mehreren Aufgaben, und der Löser der Aufgaben kann, wenn es ihm nöthig ist, leicht einen Triangel zeichnen und die gegebenen Stücke dabei schreiben, wodurch man dem Gedächtnisse zu Hülfe kommen kann. Die Figur selbst, trägt übrigens bei trigonometrischen Berechnungen, wenig oder nichts zur Auflösung bei. — Der vierte Abschnitt wird mehrere Anwendungen der Trigonometrie, besonders auf die regulären Figuren, so wie der dritte Abschnitt auf die Kreisberechnung enthalten.

I. Auflösung der Triangel aus einer Seite und zwei Winkeln.

	Gegeben:		zu finden:
1)	$\angle B = R$ (Recht)		$\angle C = 19^\circ\ 40'$
	$\angle A = 70^\circ\ 20'$	(Figur 1)	$BC = 738{,}26$
	$AC = 784$		$AB = 263{,}85$
2)	$\angle B = R$		$\angle C = 9^\circ$
	$\angle A = 81^\circ$	(Figur 1)	$BC = 40372{,}7$
	$AC = 40876$		$AB = 6409{,}15.$

3) Gegeben: $\angle B = R$ zu finden: $\angle C = 22° 5'$
$\angle A = 67° 55'$ (Figur 1) $AC = 1244,8$
$AB = 468$ $BC = 1153,5$

4) Gegeben: $\angle B = R$ zu finden: $\angle A = 52° 56'$
$\angle C = 37° 4'$ (Figur 1) $AB = 19,468$
$AC = 32,3$ $AC = 25,714$

5) Gegeben: $AC = 17628$ zu finden: $AB = 17070$
$\angle B = 114° 13'$ (Fig. 2) $BC = 1269$
$\angle C = 62° 1'$ $\angle A = 3° 46'$

6) Gegeben: $BC = 100$ zu finden: $\angle A = 21° 41'$
$\angle B = 75° 21'$ (Fig. 2) $AB = 268,6$
$\angle C = 82° 58'$ $AC = 261,86$

7) Gegeben: $BC = 4832$ zu finden: $\angle A = 100°$
$\angle B = 52° 55'$ (Fig. 2) $AB = 2233,8$
$\angle C = 27° 5'$ $AC = 3914,2$

8) Gegeben: $BC = 875,4$ zu finden: $\angle A = 81° 35'$
$\angle B = 87° 25'$ (Fig. 2) $AC = 884$
$\angle C = 11°$ $AB = 168,8$

9) Gegeben: $BA = 44682$ zu finden: $AC = 58565$
$\angle B = 94° 16'$ (Fig. 2) $BC = 34915$
$\angle A = 36° 22'$ $\angle C = 49° 22'$

10) Gegeben: $BC = 496$ zu finden: $\angle A = 126° 38'$
$\angle B = 37° 18'$ (Fig. 2) $BA = 171,06$
$\angle B = 16° 4'$ $AC = 374,5$

11) Gegeben: $BA = 3899$ zu finden: $BC = 2820$
$\angle B = 42° 5'$ (Fig. 2) $AC = 2614$
$\angle C = 91° 36'$ $\angle A = 46° 19'$

12) Gegeben: $BC = 4286$ zu finden: $\angle C = 35° 21'$
$\angle B = 41° 16'$ (Fig. 2) $AB = 2554,8$
$\angle A = 103° 23'$ $AC = 3174,2$

II. Auflösung der Triangel aus zwei Seiten und dem der größeren Seite gegenüber liegenden Winkel.

13) Gegeben: $\angle B = R$ zu finden: $\angle A = 58° 2'$
$AC = 1826$ Fig. 1) $\angle C = 31° 58'$
$AB = 967$ $BC = 1549$

14) Gegeben: $\angle B = R$ zu finden: $\angle A = 28^\circ\ 23'$
$BC = 16{,}5$ (Fig. 1) $\angle C = 61^\circ\ 37'$
$AC = 34{,}7$ $AB = 30{,}528$

15) Gegeben: $\angle B = R$ zu finden: $\angle A = 57^\circ\ 51'$
$BC = 291{,}7$ (Fig. 1) $\angle C = 32^\circ\ 9'$
$AC = 344{,}5$ $AB = 183{,}32$

16) Gegeben: $BC = 354$ zu finden: $\angle B = 46^\circ\ 20'$
$BA = 222$ (Fig. 2) $\angle C = 38^\circ\ 40'$
$\angle A = 95^\circ$ $AC = 257{,}12$

17) Gegeben: $BA = 16$ zu finden: $\angle A = 102^\circ\ 1'$
$AC = 23$ (Fig. 2) $\angle C = 30^\circ\ 43'$
$\angle B = 47^\circ\ 16'$ $BC = 30{,}637$

18) Gegeben: $BC = 5426$ zu finden: $\angle B = 40^\circ\ 40'$
$BC = 3321$ (Fig. 2) $\angle C = 35^\circ\ 7'$
$\angle A = 104^\circ\ 13'$ $AC = 3647$

19) Gegeben: $BC = 56$ zu finden: $AB = 56{,}002$
$AC = 17$ (Fig. 2) $\angle C = 81^\circ\ 17'$
$\angle A = 81^\circ\ 16'$ $\angle B = 17^\circ\ 27'$

20) Gegeben: $BC = 8726$ zu finden: $AC = 590{,}23$
$AB = 3446$ (Fig. 2) $\angle B = 37^\circ\ 25'$
$\angle A = 116^\circ\ 4$ $\angle C = 26^\circ\ 31'$

21) Gegeben: $BC = 5438$ zu finden: $AB = 13117$
$AC = 6344$ (Fig 2) $\angle C = 122^\circ\ 53'\ 49''$
$\angle B = 36^\circ\ 44'$ $\angle A = 20^\circ\ 22'\ 11''$

22) Gegeben: $BC = 466{,}9$ zu finden: $AC = 285{,}25$
$BA = 271{,}4$ (Fig. 2) $\angle B = 33^\circ\ 55'$
$\angle A = 114^\circ\ 2'$ $\angle C = 32^\circ\ 3'$

III. Auflösung von Triangeln aus zwei Seiten und dem der kleineren von beiden gegenüber liegenden Winkel.

23) Gegeben: $AC = 828$ zu finden: $\angle N = 127^\circ\ 51'$
$CN = 644$ (Fig. 3) $AN = 258$
$\angle A = 37^\circ\ 54'$ $\angle ACN = 14^\circ\ 15'$
$\angle N$ soll stumpf seyn.

24) Gegeben: $AC = 74$ zu finden: $\angle B = 59^\circ\, 35'$
$CB = 60$ (Fig. 3) $\angle ABC = 76^\circ\, 3'$
$\angle A = 44^\circ\, 22'$ $AB = 83{,}275$
$\angle B$ soll spitz seyn.

25) Gegeben: $AC = 863$ zu finden: $\angle N = 109^\circ\, 55'$
$\angle A = 36^\circ\, 51'$ (Fig. 3) $\angle ACN = 33^\circ\, 44'$
$NC = 544$ $AN = 509{,}6$
$\angle N$ soll stumpf seyn.

26) Gegeben: $AC = 426$ zu finden: $\angle N = 119^\circ\, 25'$
$CN = CB = 381$ (Fig. 3) $\angle B = 60^\circ\, 35'$
$\angle A = 38^\circ\, 14'$ $AN = 185{,}96$
$\angle N$ und $\angle B$ sollen $AB = 483{,}27$
beide gefunden werden. $\angle ACN = 22^\circ\, 21'$
$\angle ACB = 81^\circ\, 11'$

27) Gegeben: $AC = 4386$ zu finden: $\angle N = 146^\circ\, 33'\, 18''$
$CN = CB = 3645$ (Fig. 3) $\angle B = 33^\circ\, 26'\, 42''$
$\angle A = 27^\circ\, 16'$ $AN = 856{,}96$
Sowohl $\angle N$ als $AB = 7103{,}8$
$\angle B$ werden gesucht. $ACB = 119^\circ\, 18'$
$AC \;\; = 6^\circ\, 11'$

28) Gegeben: $AC = 426$ zu finden $\angle B = 36^\circ\, 15'$
$\angle A = 24^\circ$ (Fig. 3) $\angle ACB = 119^\circ\, 45'$
$CB = 293$ $AB = 625{,}48$
$\angle B$ soll spitz seyn.

IV. Auflösung der Triangel aus zwei Seiten und dem eingeschlossenen Winkel.

29) Gegeben: $AB = 146$ zu finden: $\angle A = 87^\circ\, 55'$
$BC = 345$ (Fig. 2) $\angle C = 25^\circ\, 5'$
$\angle B = 67^\circ$ $AC = 317$

30) Gegeben: $\angle A = 136^\circ\, 2'$ zu finden: $\angle B = 34^\circ\, 37'$
$AC = 3400$ (Fig. 2) $\angle C = 9^\circ\, 21'$
$AB = 972$ $BC = 4154{,}9$

31) Gegeben: $\angle C = 44^\circ\, 26'$ zu finden $\angle A = 96^\circ\, 40'$
$AC = 526$ (Fig. 2) $\angle B = 38^\circ\, 54'$
$CB = 832$ $AB = 586$

	Gegeben:		zu finden:
32)	$\angle B = 77^\circ$		$\angle A = 81^\circ$
	$BC = 591$	(Fig. 2)	$\angle C = 22^\circ$
	$B \quad = 224$		$AC = 582,6$
33)	$\angle B = 49^\circ\ 18'$		$\angle A = 91^\circ\ 32'\ 52''$
	$BC = 639$	(Fig. 2)	$\angle C = 39^\circ\ 9'\ 8''$
	$BA = 403,6$		$AC = 484,6$
34)	$\angle B = 38^\circ\ 2'$		$\angle A = 112^\circ\ 25'$
	$BC = 15$	(Fig. 2)	$\angle C = 29^\circ\ 33'$
	$BA = 8$		$AC = 9,99$
35)	$\angle A = 37^\circ\ 18'$		$\angle B = 102^\circ$
	$AB = 524$	(Fig. 2)	$\angle C = 40^\circ\ 42'$
	$AC = 786$		$BC = 486,94$
36)	$\angle C = 72^\circ\ 54'$		$\angle A = 71^\circ\ 6'$
	$AC = 224,5$	(Fig. 2)	$\angle B = 36^\circ$
	$CB = 361,4$		$AB = 365,1$
37)	$\angle A = 104^\circ\ 8'$		$\angle B = 55^\circ\ 18'$
	$AB = 294,3$	(Fig. 2)	$\angle C = 20^\circ\ 34'$
	$AC = 688,95$		$BC = 812,56$
38)	$\angle C = 49^\circ\ 7'$		$\angle A = 94^\circ\ 41'$
	$AC = 16$	(Fig. 2)	$\angle B = 36^\circ\ 12'$
	$BC = 27$		$AB = 20,481$

V. Aus den drei Seiten eines Triangels die drei Winkel zu berechnen. (Fig. 2 bleibt bei allen diesen Aufgaben.)

	Gegeben:	zu finden:
39)	$AB = 146$	$\angle C = 22^\circ\ 27'$
	$AC = 251$	$\angle B = 41^\circ\ 4'$
	$BC = 342$	$\angle A = 116^\circ\ 29'$
40)	$AB = 98$	$\angle C = 40^\circ\ 48'$
	$AC = 76$	$\angle B = 30^\circ\ 27'$
	$BC = 142$	$\angle A = 108^\circ\ 45'$
41)	$AB = 36$	$\angle C = 93^\circ\ 27'$
	$AC = 21$	$\angle B = 35^\circ\ 37'$
	$BC = 28$	$\angle A = 50^\circ\ 56'$
42)	$AB = 234$	$\angle C = 102^\circ\ 17'\ 17''$
	$AC = 116$	$\angle B = 28^\circ\ 58'\ 11''$
	$BC = 180$	$\angle A = 48^\circ\ 43'\ 32''$

43) Gegeben: $AB = 84$ zu finden: $\angle C = 72^\circ\ 1'\ 53''$
$AC = 66$ $\angle B = 49^\circ\ 25'\ 45''$
$BC = 75$ $\angle A = 58^\circ\ 32'\ 22''$

44) Gegeben: $AB = 6$ zu finden: $\angle B = 127^\circ\ 48'$
$AC = 54$ $\angle C = 22^\circ\ 20'$
$BC = 34$ $\angle A = 29^\circ\ 52'$

45) Gegeben: $AB = 4$ zu finden: $\angle C = 34^\circ\ 3'$
$AC = 5$ $\angle B = 44^\circ\ 25'$
$BC = 7$ $\angle A = 101^\circ\ 3'$

46) Gegeben: $AB = 3$ zu finden: $\angle C = 26^\circ\ 24'$
$AC = 6$ $\angle B = 117^\circ\ 16'$
$BC = 4$ $\angle A = 36^\circ\ 20'$

VI. Berechnung des Flächeninhalts der Triangel, aus den verschiedenen sie bestimmenden Stücken, ohne Rücksicht auf die fehlenden Seiten und Winkel. (Figur 2 gilt für alle Aufgaben.)

47) Gegeben: $AB = 34{,}7$, $BC = 86{,}8$, $\angle B = 42^\circ\ 4'$ } der Inhalt ist hieraus berechnet $= 1009{,}9$ □

48) Gegeben: $AB = 7$, $AC = 8$, $BC = 9$ } das $\triangle$ ist $= 268{,}34$ □

49) Gegeben: $BC = 164$, $\angle B = 15^\circ\ 4'$, $\angle C = 38^\circ\ 11'$ } $\triangle = 2696{,}95$ □

50) Gegeben: $BC = 346$, $BA = 221$, $\angle A = 104^\circ\ 6'$ } $\triangle = 23345$ □

51) Gegeben: $AB = 5$, $AC = 6$, $BC = 9$ } $\triangle = 14{,}144$ □

52) Gegeben: $BC = 381$, $BA = 244$, $\angle B = 61^\circ\ 4'$ } $\triangle = 40680$

53) Gegeben: $\left.\begin{array}{l} BC = 836 \\ BA = 441 \\ \angle A = 107^\circ \end{array}\right\} \triangle = 123180$

54) Gegeben: $\left.\begin{array}{l} BA = 64 \\ \angle B = 38^\circ\ 9' \\ \angle A = 45^\circ\ 4' \end{array}\right\} 901{,}91 = \triangle$

VII. Vermischte Aufgaben, wo mehrere Triangel in Verbindung stehen.

55) Beim Vierecke ABCD (Figur 4) sind folgende Stücke gegeben: $AD = 20$, $DC = 28$, $CB = 36$, $\angle D = 62^\circ$ und $\angle DCB = 104^\circ$. Zieht man die Diagonale AC, und fällt vom Punkte A auf DC und BC die Perpendikel AN und AM, so soll berechnet werden: $AN = 17{,}658$ $\angle DAC = 74^\circ\ 30'$ $\angle DCA = 43^\circ\ 30'$ $\angle ACB = 60^\circ\ 30'$ $\angle CAB = 75^\circ\ 48'$ $\angle ABC = 43^\circ\ 42'$ $AC = 25{,}653$ $AB = 32{,}467$ $AM = 22{,}328$ $\triangle DAC = 247{,}184$ $\triangle ABC = 401{,}088$ daher das ganze Viereck $= 649{,}272$ und sein Perimeter $= 116{,}467$.

56) Um eine gewisse Höhe BE zu messen, zu deren Fuß man nicht kommen konnte, war man im Stande aus zwei über einander liegenden Punkten A und G (Fig. 5) die Winkel $BGC = 18^\circ$ und $BAD = 20^\circ$ zu messen; die Standlinie AG betrug 12 Fuß, und der Punkt A lag 8 Fuß über dem Erdboden; es versteht sich, daß $FE \# AD \# GC$ und daß eben so $GF \# BE$ läuft, daß ferner $\angle C = \angle D$ u. s. w. sämmtlich rechte Winkel sind; es fragt sich: wie groß ist AB ($= 327$), BD ($= 111{,}8$), GB ($= 323$), BC ($= 99{,}8$) und BE ($= 119{,}84$)?

Anmerk. Man hat nur nöthig, aus dem Triangel BGA entweder die BG oder die BA, und alsdann im rechtwinklichen Triangel BGC oder BAD die BC oder die BD zu entwickeln, kann aber zur Sicherheit der Rechnung auch aus jedem Triangel besonders die Höhe berechnen, wo alsdann dieselben Resultate kommen müssen.

57) Wie hoch ist aber BE so wie die übrigen Stücke (bei Fig. 5), wenn der Berechnung folgende Stücke zum Grunde liegen: GA = 16 Fuß, DE = AF = 12 Fuß, ∠BGC = 34° 16′ ∠BAD = 36° 58? — Antwort: GB = 271,38 BA = 280,7 BC = 152,75 BE = 180,75. — Berechnet man aus △BAD die Höhe BE, so ergiebt sie sich = 180,79 also 0,04 Unterschied, welche Differenz darin ihren Grund hat, daß wir uns bei allen diesen Berechnungen mit den nächst kleineren Logarithmen, sowohl bei den Zahlen als bei den trigonometrischen Linien, als wahre Logarithmen begnügen.

58) Es sey (Fig. 6) zum Behufe der Messung der Höhe AE, zu deren Fuß man auch nicht kommen kann, die Standlinie FC angenommen, so daß die Punkte F und C mit der Höhe AE (die natürlich lothrecht auf EF angenommen wird) in derselben Vertikalebene liegen; man habe nun durch unmittelbare Messung gefunden, daß FC = GB = 79° (Ruthen), ferner ∠ABD = 30° und ∠AGD = 74° 35′; BF = GC = DE = 4 Fuß als Höhe des Winkelmeß-Instruments, ∠ADB natürlich ein rechter; man verlangt nun die fehlenden Stücke? Antw.: AG = 56,27° AB = 108° AD = 544 Fuß, daher AE = 548′.

59) Wenn aber (dieselbe Fig. 6) FC = 428′ ∠ABD = 23° 8′ ∠AGD = 32° 7′ und BF = 3′ ist? — Antw.: AB = 1457,3′ AG = 1076′ AD = 572,5′ und AE = 575,5′.

Anmerk. Es kann auch AE die Höhe eines frei schwebenden Körpers, einer Wolke, eines Luftballs, auch einer Himmelserscheinung seyn; nur müssen alsdann die Winkel bei B und bei G in demselben Augenblicke gemessen werden, und da die Punkte B und G wohl selten alsdann in der Vertikallinie mit der Höhe AE liegen möchten, so sind hier noch fernere Berechnungen und Reduktionen nöthig, die näher zu betrachten hier nicht der Ort ist.

60) Von zwei Punkten aus (Figur 7), nämlich A und B, kann man zwei Gegenstände S und E, zu denen und zwischen welche man nicht kommen kann, sehen, man mißt die Winkel EBS = 11° 4′ SBA = 76° 26′ SAE = 11° 14′ und EAB = 90° 31′ so wie die Linie AB = 14°; man verlangt nicht nur die Entfernung zwischen S und E, sondern auch die Linien SA, EA, SB und EB. — Antwort: SA = 429,29 EA = 404,13 BE = 404,5 SB = 432,36 und SE = 85,285.

Anmerk. Wir haben hier wieder zwei Triangel SAE und SBE, woraus wir die Linie SE entwickeln können, und man kann sie wieder, um sich von der Richtigkeit der Rechnung zu überzeugen, aus beiden Triangeln entwickeln und den Unterschied suchen. Ferner kann man alle Winkel, die hierbei vorkommen, zur Uebung mit berechnen.

61) (Dieselbe Fig) Wenn aber AB = 54 ∠SAE = 49° 18′ ∠EAB = 25° 11′ ∠SBA = 42° und ∠SBE = 56° 2′ ist? — Antw.: SA = 403,6 EA = 639 SB = 564 EB = 274,6 und SE = 469,01.

Anmerk. Mehrere dergleichen Aufgaben gehören in die praktische Geometrie, und vorstehende sind hier nur gegeben, um eine Triangel-Verbindung dadurch hervorzubringen. — Mehrere trigonometrische Aufgaben werden wir auch noch bei den analytischen Aufgaben bekommen.

III. Aufgaben aus der Kreisberechnung.

Abkürzungen. Bei nachfolgenden Aufgaben bedeutet immer: K den Kreis, R den Radius, D den Durchmesser, P die Peripherie, W den Centriwinkel, B den

Bogen in Länge (rectificirt), S den Sector, Sg das Segment, Sh die Sehne, A das Apothema (den Perpendikel vom Mittelpunkte auf die Sehne gefällt), Rg den Ring; beim Ringe beziehen sich die kleinen Buchstaben r, d und p auf die innere oder kleinere Peripherie.

Einleitung. Aus der Lehre der Kreisberechnung ist bekannt, daß sich der D : P = 100 : 314... = 1 : 3,14... und die Zahl 3,14 unter dem Namen π (Py) bekannt ist. Die Untersuchung der übrigen Verhältnisse gehört hier nicht her, und obgleich das Verhältniß D : P = 113 : 355 vollkommner ist, so bedienen wir uns doch des einfacheren $\pi = 3,14$.. Es ist ferner aus der Kreislehre bekannt, daß immer die Verhältnisse 360° : W, K : S, P : B gleich sind, worauf die Berechnung der Bogen und der Sectoren beruhet. Aus den gegebenen Stücken die unbekannten zu berechnen, wird nun gewöhnlich das Bilden einer Proportion aus eben gedachten Verhältnissen erfordert, die ich daher einer jeden Aufgabe, wo es nöthig schien, beigesetzt habe, und zwar immer mit der unbekannten Größe anfangend. Sollte nun das unbekannte Glied sich noch nicht gleich aus der Proportion unmittelbar berechnen lassen, so wird auch immer das noch erst zu entwickelnde Glied angedeutet werden. Wer die Berechnung mit Logarithmen versteht, der wird wissen Proportionen hiermit einfach zu behandeln, wer sie nicht kennt hat einen mühsameren Weg. Wichtiger ist aber dies: bei der Berechnung der Segmente sind nur zwei Stücke zu geben nöthig, für den der Trigonometrie versteht, und da ich dies allgemein bei meinen Lesern voraussetzen kann, so folgen auch die Aufgaben der Kreisberechnung, den trigonometrischen Aufgaben; wer die Trigonometrie nicht versteht, muß bei allen Aufgaben, wo Segmente berechnet werden, das erste Stück was die nachfolgenden Aufgaben als berechnet angeben, als gegeben annehmen, wo er sodann auch ohne Trigonometrie, ja selbst ohne Logarithmen die Segmente berechnen kann. Das Segment selbst ist immer die Differenz eines Sectors und eines Triangels, daher der Sector zuerst bekannt seyn muß; um den Triangel zu berechnen kann den Nicht=Trigonometern nur der Pythagoräische Lehrsatz dienen, um die zur Berechnung eines Triangels dienenden Elemente (Grundlinie und Höhe, hier Sh und A) zu entwickeln.

Wie bekannt, ist die Verbindung der vier Größen R, D, P und K immer so, daß aus einer derselben die übrigen drei entwickelt werden können; dies giebt nun folgende 12 Formeln, welche alle aus den beiden Grundformeln $D\pi = P$ und $R^2\pi = K$ entwickelt werden können.

Gegeben.	R	D	P	K
Gesucht.	$D = 2R$	$R = \frac{D}{2}$	$R = \frac{P}{2\pi}$	$R = \sqrt{\frac{K}{\pi}}$
	$P = 2R\pi$	$P = D\pi$	$D = \frac{P}{\pi}$	$D = 2\sqrt{\frac{K}{\pi}}$
	$K = R^2\pi$	$K = \frac{D^2\pi}{4}$	$K = \frac{P^2}{4\pi}$	$P = 2\sqrt{K\pi}$

Aufgaben.

1) Gegeben $D = 4$ gesucht $P? = 12{,}56$
2) — $D = 3{,}8$ — $P? = 11{,}932$
3) — $R = 5$ — $P? = 31{,}4$
4) — $R = 6$ — $K? = 113{,}04$
5) — $R = 1{,}7$ — $K? = 9{,}0746$
6) — $D = 3$ — $K? = 7{,}065$
7) — $D = 0{,}062$ — $K? = 0{,}00301754$
8) — $P = 2512$ — $K? = 400$
9) — $P = 628$ — $D? = 200$
10) — $K = 226{,}08$ — $R? = 8{,}48528...$
11) — $K = 4236$ — $D? = 73{,}458$
12) — $K = 113{,}04$ — $P? = 37{,}68$
13) — $P = 9{,}42$ — $K? = 7{,}065$

14) Gegeben P = 24,83 gesucht K? = 49,086
15) — K = 48,7 — D? = 7,8764
16) — P = 44,09 — D? = 14,0414
17) — P = 286,48 — R? = 45,617
18) — K = 0,04 — P? = 0,7088
19) — K = 76,831 — D? = 9,88
20) — P = 0,046 — R? = 0,0073
21) — R = 3 ferner W = 45° gesucht B? = 2,358

Die Proportion zur Lösung dieser Aufgabe ist: B : P = 45° : 360° daher P erst aus R berechnet werden muß.

22) Gegeb. R = 5 ferner B = 705 ges. W? = 80° 49′ 40″
W : 360° = 7,05 : P also P aus R berechnet.

23) Gegeben P = 48 ferner W = 60° gesucht B? = 8
B : P = 60° : 360°, P bereits gegeben.

24) Gegeben P = 90, B = 80 gesucht W? = 320°
25) — B = 16, W = 24° — P? = 240
26) — K = 226,08 ferner W = 40° ges. B = 5,9208
B : P = 40° : 360° daher P aus K berechnet.

27) Gegeb. B = 14,1 ferner W = 24° ges. K? = 3561,484
P : 14,1 = 360° : 24° und aus P alsdann K berechnet.

28) Gegeb. K = 1476 ferner B = 10 ges. W? = 26° 26′ 24″
W : 360° = 10 : P, und P erst aus K gesucht.

29) Gegeb. D = 4 ferner B = 12 ges. W? = 343° 56′ 24″
W : 360° = 12 : P, und P aus D zuerst gesucht.

30) Gegeb. D = 4 ferner W = 10° ges. B? = 0,34888...
B : P = 10° : 360°, aus D erst P gesucht.

31) Gegeben K = 80 ferner W = 20° ges. S? = 4,444...
S : 80 = 20° : 360°

32) Gegeben K = 80 ferner B = 4 gesucht S? = 10,095
S : 80 = 4 : P und P erst aus K gesucht.

33) Gegeben K = 7 ferner W = 120° ges. S? = 2,333...
34) — K = 6 — B = 6 — S? = 4,1661...
35) — P = 14 — B = 4 — S? = 4,4586...
S : K = 4 : 14 und K erst aus P gesucht.

36) Gegeben $P = 100$ ferner $W = 15^\circ$ gesucht $S? = 33{,}174$
$S : K = 15^\circ : 360^\circ$ daher K aus P erst gesucht.

37) Gegeben $D = 11$ ferner $B = 8^\circ$ gesucht $S? = 2{,}1107$
$S : K = 8^\circ : 360^\circ$, aus D erst K gesucht.

38) Gegeben $D = 15$ ferner $B = 40$ gesucht $S? = 149{,}99$
$S : K = 40 : P$, K und P erst aus D gesucht.

39) Gegeben $S = 60$ ferner $B = 15^\circ$ gesucht $B? = 5{,}6035$
$B : P = S : K$, es muß also erst P und K gesucht werden, und zwar $K : S = 360^\circ : 15^\circ$ und aus K alsdann P berechnet. Auch könnte man sagen: aus der letzten Proportion ist $K = \frac{360\,S}{15} = 24\,S$, und nach der Formel ist $P = 2\sqrt{K\pi}$, daher diese Werthe substituirt in obige Proportion, dieselbe wird $B : 2\sqrt{24\,S\pi} = S : 24\,S$ oder $B : \sqrt{24\,S\pi} = 1 : 12$

40) Gegeben $S = 30$ ferner $B = 7{,}5$ ges. $W? = 53^\circ\,44'\,31''$
In die Proportion $S : K = B : P$ setze für K die Formel $\frac{P^2}{4\pi}$ so wird sie $S : \frac{P^2}{4\pi} = B : P$ oder $S : \frac{P}{4\pi} = B : 1$ daher $P = \frac{4\pi\,S}{B}$; hat man P so gefunden, so setzt man: $W : 360^\circ = 7{,}5 : P$.

41) Gegeben $S = 4{,}4$ ferner $K = 80$ gesucht $W? = 19^\circ\,48'$
$W : 360^\circ = S : K$

42) Gegeben $S = 2{,}2$ ferner $B = 10^\circ$ gesucht $K? = 79{,}2$

43) Gegeben $S = 20$ ferner $K = 400$ gesucht $B? = 3{,}544$
$B : P = 20 : 400$ also erst P aus K berechnet.

44) Gegeb. $R = 7{,}28$ ferner $K = 4{,}49$ ges. $Rg? = 2{,}79$

45) — $R = 18{,}24$ — $P = 17{,}$[illegible] — $K? = 6{,}422$

46) — $R = 16{,}21$ — $k = 4{,}3$ — $K? = 20{,}51$

47) — $k = 6{,}5$ — $Rr = 4{,}8$ — $D? = 3{,}7932$

48) — $R = 5{,}7$ — $B = 60^\circ$ — $Sh? = 5{,}7$ und
$Sg? = 2{,}9347$

49) Gegeb. $P = 9{,}42$ ferner $B = 1{,}57$ ges. $Sh? = 1{,}$[illegible] und
$S_{\mathfrak{n}}? = 0{,}2033$

50) Gegeben D = 30 ferner B = 60° gesucht Sh? = 15 und
Sg? = 20,335
S : K = 60° : 360° also K aus D zuerst gesucht, von
S das △ subtrahirt, giebt Sg.

51) Gegeb. D = 2,4 ferner B = 120° gesucht A? = 0,6 und
Sg? = 0,8838

52) Gegeb. K = 28,26 ferner B = 3,14 ges. A? = 1,5 und
Sg? = 0,81

53) Gegeb. K = 176,825 ferner W = 60° ges. Sh? = 7,5 u.
Sg? = 5,11876

54) Gegeben P = 62,8 ferner W = 60° gesucht A? = 5 und
Sg? = 9,053

55) Gegeb. R = 3,2 ferner B = 3,349 gesucht Sh? = 3,2 und
Sg? = 0,926

56) Gegeb. D = 4,6 ferner B = 79° 20′ ges. A? = 2,0014 u.
Sg? = 3,3215

57) Gegeb. P = 138,16 fern. B = 22° ges. Sh? = 8,3954 u.
Sg? = 2,22

58) Gegeb. P = 15,7 ferner B = 46° 48′ ges. A? = 2,2493
u. Sg? = 0,2732

59) Gegeb. K = 28,26 ferner B = 8,84 ges. A? = 0,29014
u. Sg? = 12,394

60) Gegeb. K = 12,56 ferner B = 6,28 ges. Sh? = 4 und
Sg? = 6,28

61) Gegeb. R = 5 ferner B = 16° 14′ ges. A? = 4,9499 u.
Sg? = 3,4943

62) Gegeb. R = 4,5 ferner B = 9,42 ges. Sh? = 7,794 und
Sg? = 12,42675

63) Gegeb. A = 13,5 ferner Sh = 5,4 ges. K? = 595,15 u.
S? = 0,912

Anmerk. Von der 63sten Aufgabe abwärts können die Aufgaben nur durch Trigonometrie gelöset werden, von 48 bis 62 aber, wie schon gesagt, auch ohne dieselbe, wenn die erste der gesuchten Größen als bekannt angenommen wird.

64) Gegeb. K = 3,14 ferner Sh = 0,524 ges. W? = 30° 22
u. Sg? = 0,01201
65) Gegeb. R = 50 ferner A = 40 ges. W? = 73° 44′ und
Sg? = 407,7
66) Gegeb. Sh = 4 ferner R = 7 gesucht A? = 6,708 und
Sg? = 0,773
67) Gegeb. A = 27 ferner Sh = 10,8 gesucht S? = 149,448
68) — K = 6,28 — S = 0,52972 — Sg? = 0,02402
69) — S = 56,756 — R = 14 — Sg? = 3,092
70) — K = 254,34 — A = 0,87042 — Sg? = 111,546

IV. Analytische Aufgaben.

Die nachfolgenden Aufgaben, sich größtentheils auf die regulären Polygone beziehend (wenn auch nicht ausschließlich), werden für jeden lösbar seyn, der die, in den drei früheren Abschnitten enthaltenen Aufgaben gelöset hat; denn sie erfordern Gleichungen, indem die unbekannten und bekannten Größen in ihrer Verbindung unter einander durch Gleichungen gegeben sind, sie bedürfen der Trigonometrie, weil Figuren berechnet werden und also auf Triangel zurück geführt werden müssen, und die Kreisberechnung ist nicht minder erforderlich, weil reguläre Polygone nur in oder um Kreisen bestehen. Daß endlich die nöthigen Kenntnisse aus der niedern Geometrie vorausgesetzt werden, versteht sich von selbst, und es sind daher in vorkommenden Fällen, wo man sich auf dieselben berufen wird, weiter keine näheren Erläuterungen nöthig. Nur einige Aufgaben, wie z. B. die ersten, können auch ohne Trigonometrie gelöset werden, und sind als Einleitung zu den folgenden anzusehen. Ueberdies wird die Rechnung mit Logarithmen vorausgesetzt, ihrem ganzen Umfange nach.

1ste Aufgabe.

Der Inhalt I und der Umfang U eines Rechtecks sind gegeben, man soll die Grundlinie und Höhe desselben finden.

Auflösung Es sey die Grundlinie $= x$ und die Höhe $= y$, so hat man, laut Aufgabe, die Gleichungen 1) $xy = I$ und 2) $2x + 2y = U$. Aus der ersten folgt $2xy = 2I$ und aus der zweiten folgt $2xy + 2y^2 = Uy$, beide von einander subtrahirt, läßt $2y^2 = Uy - 2I$, daher $y^2 - \frac{U}{2} y = - I$ und $y = \frac{U}{4} \mp \sqrt{\frac{U^2}{16} - I}$ (Nach der Theorie der unreinen quadratischen Gleichungen). Nun ist $x = \frac{I}{y}$ leicht zu finden. — Z. B. es sey $I = 24$ und $U = 22$, so ist $y = \frac{22}{4} \mp \sqrt{\frac{22^2}{16} - 24} = 5\frac{1}{2} \mp \sqrt{30\frac{1}{4} - 24} = 5\frac{1}{2} \mp \sqrt{\frac{25}{4}} = 5\frac{1}{2} \mp \frac{5}{2} = 8$ oder 3, woraus sich $x = 3$ oder 8 ergiebt. (Indem es völlig gleichgültig ist, ob x die Höhe oder Grundlinie genannt war.)

2te Aufgabe. (Fig. 8.)

Ein Kreis hat einen Halbmesser $= r$, man soll eine beständige Zahl entwickeln, womit man r zu multipliciren hat, um die Seite eines, dem Kreise wozu r gehört, gleichen gleichseitigen Triangels zu finden.

Auflösung. Es sey Triangel ABC gleichseitig und die Seite gleich a, die Höhe $AD = h$, so ist

$$h^2 = AB^2 - BD^2 = a^2 - \left(\frac{a}{2}\right)^2 = \frac{4a^2}{4} - \frac{a^2}{4} = \frac{3a^2}{4},$$

$$\text{daher } h = \frac{a}{2} \sqrt{3}.$$

Der Inhalt I des Triangels ist

$$= AD \,.\, BD = h \,.\, \frac{a}{2} = \frac{a}{2} \sqrt{3} \,.\, \frac{a}{2} = \frac{a^2}{4} \sqrt{3} = I \text{ und}$$

$$\text{deshalb } \sqrt{\frac{4I}{\sqrt{3}}} = a = 2\sqrt{\frac{I}{\sqrt{3}}}.$$

Ein Kreis dessen Halbmesser $= r$ ist aber $= r^2 \pi$, und dieser Kreis soll nach der Aufgabe $= I$ seyn, daher

$$a = 2\sqrt{\frac{1}{\sqrt{3}}} = 2\sqrt{\frac{r^2\pi}{\sqrt{3}}} = 2r\sqrt{\frac{\pi}{\sqrt{3}}}.$$

Deswegen ist nun $2\sqrt{\frac{\pi}{\sqrt{3}}}$ die gesuchte beständige Zahl, die nun so in Zahlen gesucht wird:

$$\log \pi = 0{,}4969296$$
$$\log \sqrt{3} = 0{,}2385606$$
$$\log \frac{\pi}{\sqrt{3}} = 0{,}2583690$$
$$\log \sqrt{\frac{\pi}{\sqrt{3}}} = 0{,}1291845$$
$$\log 2 = 0{,}3010300$$
$$\log x = 0{,}4302145$$

Die unbekannte Zahl selbst ist daher $= 2{,}6928\ldots$

z. B. der Radius $r = 46{,}7$ so ist

$$\log x = 0{,}4302145$$
$$\log 46{,}7 = 1{,}6993169$$
$$\log a = 2{,}0995314$$

und $a = 125{,}75$.

Anmerk. Beim Aufsuchen der Zahlen für gefundene Logarithmen werden immer die nächst kleineren Logarithmen als die wahren angenommen, wenn nicht die Genauigkeit der Aufgabe den Gebrauch der Proportionaltheile nöthig macht; wenn aber in der Fortsetzung der Rechnung, für eine so gefundene Zahl wieder den Logarithmus verlangt (wie in eben gehabtem Beispiele), so wird nicht der Logarithm. der Tafeln, sondern der wahre gefundene genommen.

3te Aufgabe.

Wie verhält sich die Peripherie eines Kreises zum Umfange eines, dem Kreise gleichen gleichseitigen Triangels?

Auflösung. Die Peripherie eines Kreises ist $= 2r\pi = 6{,}28 . r$; die Seite des gedachten Triangels aber nach der vorigen Aufgabe $= 2{,}6928 . r$, daher sein Umfang $= 3 . 2{,}6928 . r = 8{,}0784 . r$ daher verhält sich

$$P : U = 6{,}28 . r : 8{,}0784 . r = 628 : 808 = 157 : 202.$$

Zusatz. Nimmt man dies Verhältniß als vollkommen an, so geben die Kettenbrüche folgende Näherungsverhältnisse: P:U=1:1=3:4=9:7.

Anmerk. Da diese Aufgaben den Anfänger zugleich in der Behandlung der verschiedenen Rechnungarten und deren Anwendung üben sollen, so werde ich mich der Abkürzungen die sie darbieten, wie z. B. bei den Proportionen u. s. w. bedienen, und verweise auf die Theorie dieser Lehren, um das Nähere darüber nachzulesen.

Zusatz. Aus der Geometrie ist bekannt: 1 daß unter allen gleichnamigen Figuren die regulären Figuren bei gleichem Umfange den größten Inhalt haben, daraus folgt 2) daß dieselben bei gleichem Inhalte den kleinsten Umfang haben. 3) Unter allen regulären Figuren von verschiedener Seitenanzahl, hat bei gleichem Umfange diejenige den größten Inhalt, welche die meisten Seiten hat, und daher 4) hat von allen regulären Figuren, die gleichen Inhalt haben, den kleinsten Umfang diejenige, welche die meisten Seiten hat. — In unserer dritten Aufgabe wurden die, in Hinsicht der Seitenzahl am meisten verschiedenen Polygone, das Triangel und der Kreis in dieser Rücksicht verglichen, und es fand sich, wie es seyn mußte, der größte Umfang beim Triangel.

Diese Sätze werden wir auch bei den folgenden Aufgaben vorzüglich ins Auge fassen.

4te Aufgabe. (Fig. 9.)

Aus der Seite S eines regulären necks, und dem Radius r des, um dasselbe beschriebenen Kreises, den Inhalt I des gedachten Polygons zu finden.

Auflösung. Wenn $AB = S$, $AO = r$, so ist

$$OC^2 = AO^2 - AC^2 = r^2 - \frac{S^2}{4} = \frac{4r^2 - S^2}{4} \text{ und}$$

$$OC = \frac{\sqrt{4r^2 - S^2}}{2}$$

nun ist $\triangle AOB = AC . OC = \frac{S}{2} . \frac{\sqrt{4r^2 - S^2}}{2} = \frac{S\sqrt{4r^2 - S^2}}{4}$
Solcher Triangel hat die reguläre Figur aber n, daher ist $I = \frac{nS}{4}\sqrt{4r^2 - S^2} = \frac{nS}{4}\sqrt{(2r + S)(2r - S)}$

Anmerkung. Da durch r und n schon S bestimmt ist, so kann man nicht willkührlich n, r und S annehmen; die folgende Aufgabe zeigt dies bestimmter.

5te Aufgabe. (Fig. 9.)

Aus der Seite S eines regulären necks, dessen Inhalt zu finden.

Auflösung. Bedeutet auch hier AB die Seite $= S$, so ist $\angle AOB = \frac{360^0}{n}$ und $\angle AOC = \frac{180^0}{n}$; diesen Winkel, den wir in dieser und in den folgenden Aufgaben oft gebrauchen werden, wollen wir ein für alle Male v nennen; also $AOC = v$. Nun verhält sich: $OC : AC = \cos v : \sin v$ daher $OC = AC . \frac{\cos v}{\sin v} = AC . \frac{\cot g\, v}{\sin t}$ $\left(\text{Da } \frac{\cos}{\sin} = \frac{\cot}{\sin t} \text{ ist}\right)$ $= \frac{S . \cot v}{2 . \sin t}$; $\triangle AOB = OC . AC = \frac{S^2 \cot v}{4 \sin t}$ und dieser Triangel hat der Inhalt des necks n, daher $I = \frac{n S^2 \cot v}{4 \sin t}$.

Z. B. Was beträgt der Inhalt eines regulären Siebenecks, wenn die Seite $= 12'$ ist? Winkel $v = \frac{180^0}{7} = 25^0\ 43'$ (nur etwas zu groß).

$$\begin{array}{rll} \log S = \log 12 = & 1,0791812\ (2 & \\ \log 12^2 = & 2,1583624 & \\ \log n = \log 7 = & 0,8450980 & \text{addirt} \\ \log \cot g\, v = \log \cot g\, 25^0\ 43' = & 10,3172902 & \\ \hline \log n S^2 \cot g\, v = & 13,3207506 & \\ \log 4 \sin t = \log 4 + \log \sin t = & 10,6020600 & \text{subtrahirt} \\ \hline \log I = & 2,7186906 & \text{daher} \end{array}$$

$I = 523,22\ \square'$

Ferner: Was ist I, wenn $n=9$ und $s=46{,}7$ ist?

Antwort: $I=13181{,}8$. ($\log I = 4{,}1297504$)

Zusatz 1. Ist $n=4$, so ist I der Inhalt eines Quadrats, muß also s^2 seyn. Bei $n=4$ ist $\angle v=45^\circ$ wo die $\cot = \sin t$ ist; unsere Formel wird daher

$$I=\frac{n s^2 \cot v}{4 \sin t}=\frac{4 . s^2 . \sin t}{4 . \sin t}=s^2 \text{ wie es seyn muß.}$$

Zusatz 2. Ist der Umfang $=u$ und die Seitenzahl gegeben, so ist $s=\frac{u}{n}$, daher $\frac{ns^2}{4}=\frac{n}{4}.\frac{u^2}{n^2}=\frac{u^2}{4n}$ und

$$I=\frac{u^2}{4n}\cot v.\frac{1}{\sin t}=\frac{u^2 . \cot v}{4 . n . \sin t}$$

Zusatz 3. Unsere Formel für I hätte auch aus der vierten Aufgabe entwickelt werden können, wenn man r aus s und n mittelst $\angle v$ berechnet hätte, und zwar:

$$AO:AC=\sin t:\sin v \text{ daher } AO=r=\frac{s \sin t}{2 \sin v}$$

$\left(\text{Da } AC=\frac{s}{2}\right)$. Es war nun in der vierten Aufgabe $I=\frac{n s}{4}\sqrt{4 r^2 - s^2}$; jetzt für r seinen Werth gesetzt, giebt

$$I=\frac{n s}{4}\sqrt{\left(\frac{4 s^2 \sin t^2}{4 \sin v^2}-\frac{s^2 \sin v^2}{\sin v^2}\right)}=\frac{n s}{4}\sqrt{\left(\frac{s^2(\sin t^2-\sin v^2)}{\sin v^2}\right)}$$

$$=\frac{n s}{4}\sqrt{\left(\frac{s^2 \cos v^2}{\sin v^2}\right)}=\frac{n s}{4}\sqrt{\left(\frac{s^2 \cot v^2}{\sin t^2}\right)}=\frac{n s}{4}.\frac{s \cot v}{\sin t}=\frac{n s^2 \cot v}{4 \sin t}.$$

Gerade wie in dieser Aufgabe gefunden.

Anmerk. Ich führe diese, unstreitig längere Auflösung nur der Uebung wegen in Entwickelung der Formeln an, und um zu zeigen, wie man oft schon in einer Form den Keim zu einer neuen hat, ohne neue Wege zur Entwickelung derselben einzuschlagen.

Zusatz 4. Was die Berechnung der regulären Polygone um einen Kreis, in Hinsicht dieser und der vierten Aufgabe betrifft, ist wohl überflüssig näher zu erwähnen, da sich jedes reguläre Polygon um einen Kreise auch wieder in einem Kreise befindet; der Radius eines Kreises, ist zugleich das Apothema für das Polygon um den Kreis.

Doch wird die folgende Aufgabe dies in anderer Hinsicht noch betrachten.

6te Aufgabe. (Fig. 9.)

Aus dem Radius eines Kreises, die Perimeter und die Inhalte der regulären neckе in und um den Kreis zu finden.

Auflösung. Es sey AB die Seite des regulären necks in, und DE um den Kreis, OA = OF = r gegeben. Es verhält sich AC : AO = sin v sint, eben so OC : AO = cos v : sint, woraus $AC = \frac{r \sin v}{\sin t}$ und

$$OC = \frac{r \cos v}{\sin t} \text{ wird; nun ist}$$

$$\triangle AOB = AC . OC = \frac{r \sin v}{\sin t} . \frac{r \cos v}{\sin t} = \frac{r^2 \sin v . \cos v}{\sin t^2} = \frac{r^2 \sin 2 v}{2 \sin t}$$

(Indem $\frac{2 \sin v \cos v}{\sin t} = \sin 2 v$ ist, wodurch sin v . cos v $= \frac{\sin 2 v . \sin t}{2}$ wird.) Das ganze Polygon hat solcher Triangel n, daher $I = \frac{n r^2 \sin 2 v}{2 \sin t}$ = Inhalt für das reguläre neck im Kreise.

Ferner: da $AC = \frac{r \sin v}{\sin t}$ so ist $AB = \frac{2 r \sin v}{\sin t}$ und der ganze Umfang $U = \frac{2 r n \sin v}{\sin t}$

Eben so verhält sich: DF : OF = tang v : sint, weshalb $DF = \frac{r \operatorname{tang} v}{\sin t}$; nun ist $\triangle DOE = DF . OF = \frac{r^2 \operatorname{tang} v}{\sin t}$, und $I = \frac{n r^2 \operatorname{tang} v}{\sin t}$

Endlich ist $U = \frac{2 r n \operatorname{tang} v}{\sin t}$ wie aus DF leicht zu finden ist.

7te Aufgabe.

Die Peripherie des Kreises trigonometrisch so genau als möglich zu finden, eben so den Kreis.

Auflösung. Betrachten wir den Kreis auch hier als ein reguläres Polygon von unendlich vielen Seiten oder doch von einer bedeutenden Seitenzahl, und berechnen nun nach der vorigen Aufgabe die Perimeter solcher Polygone die wir uns um und in dem Kreise vorstellen, so liegt die Peripherie dazwischen, und muß in ihren ersten Dezimalstellen dieselbe seyn, bis wie weit die Ausdrücke für beide Perimeter in den ihrigen übereinstimmen. Man nehme hierzu das reguläre 648000 Ecks, weil hierdurch $\angle v = 1$ Secunde wird ($180° = 648000''$), so ist nach der Formel $U = \frac{2 r n \sin v}{\sin t}$ wo $r = 1$ bedeute

$$\begin{aligned} \log 2 &= 0{,}3010300 \\ \log 648000 &= 5{,}8115750 \\ \log \sin 1'' &= 4{,}6855749 \\ \hline & 10{,}7981799 \\ \log \sin t &= 10, \\ \hline & 0{,}7981799 \end{aligned}$$

Hierzu gehört die Zahl 6,283185... welche also mit r multiplizirt werden muß um den Perimeter zu bekommen, oder der Durchmesser wird mit $\frac{6{,}283185}{2} = 3{,}141592$ multiplicirt.

Für das reguläre 648000 um den Kreis, gilt die Formel $U = \frac{2 r n \tan v}{\sin t}$; es ist

$$\begin{aligned} \log 2 &= 0{,}3010300 \\ \log 648000 &= 5{,}8115750 \\ \log \tan 1'' &= 4{,}6855749 \\ \hline & 10{,}7981799 \\ \log \sin t &= 10, \\ \hline & 0{,}7981799 \end{aligned}$$

daher wir ganz dieselbe Zahl 6,283185 wieder erhalten.

Anmerk. Diese Zahl für die Peripherie genommen, stimmt selbst in der letzten Diagonalstelle aufs genaueste mit der bei der Kreisberechnung angegebenen Peripherie.

Bedienen wir uns nun zur Berechnung des Kreises der Formel $I = \frac{n r^2 \sin 2v}{2 \sin t}$ (6te Aufgabe) so ist $2v = 2''$ und

$$\left.\begin{array}{r} \log \sin 2 = 4{,}9866049 \\ \log 648000 = 5{,}8115150 \end{array}\right\} \text{addirt} \left\{ \begin{array}{l} \text{Wenn } r = 1 \text{ an-} \\ \text{genommen wird.} \end{array}\right.$$

$$\begin{array}{r} 10{,}7981799 \\ \log 2 \sin t = 10{,}3010300 \\ \hline 0{,}4971499 \end{array}$$

wozu die Zahl 3,14159... gehört, die abermals ganz genau den Kreis giebt, weil sie die Zahl π und zugleich der Kreis für den Halbmesser $= 1$ ist ($K = r^2 \pi$; siehe die Formeln zur Kreisberechnung).

Es würde überflüssig seyn, das reguläre 648000 Eck um den Kreis noch berechnen zu wollen, da die Formel hierfür nach der 6ten Aufgabe (für diesen besonderen Fall), dasselbe geben muß, denn tang $1'' = \sin 1''$, und tang $2'' = 2$ tang $1''$ (bei sehr kleinen Winkeln wie $1''$ ist), deshalb hebt sich die 2 im Zähler gegen die im Nenner, und die Formel $I = \frac{n r^2 \sin 2v}{2 \sin t}$ wird so viel als $\frac{n r^2 \sin v}{\sin t} = \frac{n r^2 \tan v}{\sin t}$

Aus eben diesem Grunde aber, hätten wir auch bei der eben berechneten Aufgabe schon statt sin 2v nur sin v, und statt 2 sin t nur sin t zu nehmen brauchen. Daß dieß sehr seine Grenzen hat ist bekannt, und der Theorie nach ist nie $\sin 2a = 2 \sin a$, und bei größeren Winkeln selbst nicht einmal in der Praxis wahr. —

8te Aufgabe.

Wie verhält sich der Perimeter eines regulären Achtecks in einem Kreise, zur Peripherie des Kreises und zum Perimeter des regulären Achtecks um den Kreis? Ferner soll das Verhältniß dieser drei Flächen gegen einander gefunden werden.

Auflösung. Der Radius des Kreises kann hierbei gleich 1 angenommen werden, da das gedachte Verhältniß, bei jeder andern Annahme von R dasselbe bleibt. — Betrachten wir nun die, in der 6ten Aufgabe gefundenen Formeln für die Perimeter regulärer Polygone in und um den Kreis, so haben wir in gegenwärtigem Falle, wo beide Achtecke sind, nicht nöthig sie zu berechnen, denn die Formeln zeigen deutlich, daß wenn ∠v oder n in beiden dieselben sind (indem die Gleichheit einer dieser Größen, die der anderen schon mit sich bringt), sich beide Perimeter wie die Sinusse und Tangenten des ∠v verhalten. Sucht man nun in den Tafeln für $\angle v = 22\frac{1}{2}^\circ$ die Log. des Sinusses und der Tangente auf, und hierfür ferner die zugehörigen Zahlen, mit der Berücksichtigung, daß der Radius hier = 1 angenommen ist, so erhält man das Verhältniß beider Perimeter wie 0,38268 : 0,41421. — Wollen wir aber jetzt das Verhältniß der Peripherie des Kreises noch laut Aufgabe hinzufügen, so ist dieselbe für R = 1 doch = 6,28318, und dies scheint ungereimt mit jenem Verhältnisse der Perimeter zu seyn; aber es wird klar, daß wir jetzt beide Glieder desselben mit 16 multipliciren müssen, weil jene Formeln im Zähler noch den Factor 2n bei sich haben der jetzt, wenn vom ganzen Umfange die Rede ist (da die ganze Peripherie des Kreises ja auch genommen wird), allerdings betrachtet werden muß, und nur vorher, wo er das Verhältniß der Perimeter selbst nicht änderte, wegbleiben konnte. Geschieht nun dies, so erhalten wir zum Resultate das Verhältniß U : P : u = 6,62736 : 6,28318 : 6,12288, welches nach Belieben verändert werden kann.

Zusatz 1. Daß die Peripherie des Kreises, nicht die mittlere Proportionale zwischen den Perimetern der gleichnamigen regulären Polygone in und um den Kreis ist (was Anfänger oft gern annehmen wollen), sondern geringer als diese, kann man aus obigem Verhältnisse leicht sehen, denn sonst mußte die Summe der Logarythmen der äußeren Glieder (welche = 1,6082963 ist), gleich seyn dem doppelten Logar. des mittleren Gliedes (ist = 1,5963590); ferner ist der halbe Logarithm. jener Summe = 0,8041481 als Logarythm. der wahren mittleren Proportionallinie noch immer größer als log 6,28318 = 0,7981795, daher sich die Peripherie wie erwähnt, dem inneren Perimeter nähert.

Was nun ferner die Flächen jener Polygone und den Kreis betrifft, so kann man hier nicht so abgekürzt wie vorher verfahren; berechnet man jede für sich (wie ein Beispiel der 7ten Aufgabe für das Polygon im Kreise gezeigt hat), ebenfalls nach der Annahme $R = 1$, wofür der Kreis $= 3{,}14159$ wird ($K = R^2 \pi$), so wird jenes Verhältniß: $I : K : i = 3{,}31370 : 3{,}14159 : 2{,}82842$.

Zusatz 2. Daß der Kreis auch nicht die mittlere Proportionalfläche, zwischen den gleichnamigen regulären Polygonen in und um sey (was doch noch immer seyn könnte, wenn es auch von seiner Peripherie und den Perimetern nicht galt, da diese Linien sich nach dem Verhältniß des Radius, die Flächen aber nach dem Quadrate desselben richten,, sondern sich der Fläche um nähert (seine Peripherie näherte sich dem Perimeter in), ist hieraus eben so deutlich zu sehen, denn der Logarithmus des Products der äußeren Glieder (Summe der Logarithmen beider Glieder) ist $= 0{,}9718593$ was den Logarithm. der mittleren Proportionalfläche $= 0{,}4859296$ giebt, und der $\log K = 0{,}4971495$; woraus gedachte Näherung des Kreises einleuchtend wird. —

Anmerk. 1. Je größer die Anzahl der Seiten wird, je mehr schwindet natürlich jene Differenz, und man kann die Abweichung bei jedem mäßigen Polygon (wenn es nämlich das 645000Eck nicht übertrifft, in Hinsicht der Seitenzahl, sondern bedeutend geringer ist, damit die Tafeln noch einen Ausschlag geben) leicht aufsuchen.

Anmerk. 2. Man vergleiche diese beiden Zusätze mit dem, nach der dritten Aufgabe genannten.

Anmerk. 3. Sollten die Bemerkungen dieser Aufgabe, die sehr kurz gelöset werden konnte, wohl überflüssig seyn?

9te Aufgabe. (Fig. 9.)

Wie verhalten sich die Radien zweier Kreise, in welchen ein reguläres n eck und m eck von gleichem Umfange beschrieben sind, gegen einander?

Auflösung. Wenn wir jenen, bei beiden Polygonen gleichen Umfang u nennen, so ist die Seite des n ecks $= \frac{u}{n}$ und deren Hälfte wollen wir p nennen; eben so die Seite des m ecks ist $= \frac{u}{m}$ und ihre Hälfte sey q. Bedeutet nun (Fig. 9) die Linie AB zuerst die n ecks-Seite, so ist AC = p, nachher mag sie die m ecks-Seite seyn, so ist AC = q; $\angle AOC$ ist eben so wechselsweise $= \frac{180}{n}$ und $\frac{180}{m}$.

Nun verhält sich: $AO : AC = \sin t : \sin\left(\frac{180}{n}\right)$, daher $AO = \frac{p \cdot \sin t}{\sin\left(\frac{180}{n}\right)}$ für das n eck; und aus eben dem Grunde für das m eck $= \frac{q \sin t}{\sin\left(\frac{180}{m}\right)} = AO$. Es wird sich daher verhalten, der Radius des n ecks : Radius des m ecks

$$= \frac{p \cdot \sin t}{\sin\left(\frac{180}{n}\right)} : \frac{q \cdot \sin t}{\sin\left(\frac{180}{m}\right)} = \frac{p}{\sin\left(\frac{180}{n}\right)} : \frac{q}{\sin\left(\frac{180}{m}\right)}$$

$$= \frac{u}{2n \cdot \sin\left(\frac{180}{n}\right)} : \frac{u}{2m \cdot \sin\left(\frac{180}{m}\right)} = \frac{1}{n \cdot \sin\left(\frac{180}{n}\right)}$$

$$: \frac{1}{m \cdot \sin\left(\frac{180}{m}\right)} = m \cdot \sin\left(\frac{180}{m}\right) : n \cdot \sin\left(\frac{180}{n}\right)$$

(Weil Brüche von gleichen Zählern sich wie ihre Nenner umgekehrt verhalten.) — Z. B., es habe ein Fünfeck mit einem Sechsecke gleichen Umfang, so wäre das Verhältniß des Radius des Fünfecks : Radius des Sechsecks

$= 6 \cdot \sin\left(\frac{180^\circ}{6}\right) : 5 \sin\left(\frac{180^\circ}{5}\right) = 6 \cdot \sin 30^\circ : 5 \cdot \sin 36^\circ$ $= 6 \cdot 0{,}5 : 5 \cdot 0{,}58779 = 3 : 2{,}93$; daher der Radius des Fünfecks größer als der des Sechsecks ist. —

Anmerk. Auch diese Aufgabe ist im genauesten Zusammenhange, mit jenem erwähnten Zusatze nach der dritten Aufgabe.

10te Aufgabe.

Wie verhalten sich die Perimeter, und wie die Flächen zweier, in einem und demselben Kreise beschriebenen regulären n- und mecke zu einander, und wie zur Peripherie des Kreises und zum Kreise selbst? —

Auflösung. Nach denen, in der sechsten Aufgabe bereits entwickelten Formeln, ist nunmehr diese Aufgabe leicht zu lösen. Es sey der Perimeter des necks $= U$, der des mecks $= T$, so geben jene Formeln, da der Radius ja derselbe ist, $U : T : P = \frac{2 r n \sin\left(\frac{180}{n}\right)}{\sin t}$

$$: \frac{2 r m \sin\left(\frac{180}{m}\right)}{\sin t} : 2 r \pi = \frac{n \sin\left(\frac{180}{n}\right)}{\sin t} : \frac{m \sin\left(\frac{180}{m}\right)}{\sin t} : \pi.$$

Es sey $n = 7$ und $m = 11$, so wird

$$U : T : P = \frac{7 \cdot \sin 25^\circ\, 42'\, 51,''4}{\sin t} : \frac{11 \cdot \sin 16^\circ\, 21'\, 49''}{\sin t} : \pi$$

$$= 3{,}03744 : 3{,}09859 : 3{,}14159 = 304 : 310 : 314.$$

Die Fläche des necks sey N, die des mecks sey M und der Kreis $= K$, so wird nach der Formel der sechsten Aufgabe $N : M : K = \frac{n r^2 \sin\left(\frac{360}{n}\right)}{2 \sin t} : \frac{m r^2 \sin\left(\frac{360}{m}\right)}{2 \sin t} : r^2 \pi$

$$= \frac{n \sin\left(\frac{360}{n}\right)}{2 \sin t} : \frac{m \sin\left(\frac{360}{m}\right)}{2 \sin t} : \pi : = 2{,}73669 : 2{,}97356$$

$$: 3{,}14159 = 274 : 297 : 314.$$

11te Aufgabe.

Die Seite eines regulären 9ecks ist $= 46{,}7$, man verlangt die Seite eines, dem 9ecke gleichen 12ecks.

Auflösung. Wenn man den Inhalt einer Figur hat, so kann man nach der Formel, welche die fünfte Aufgabe für den Inhalt aus der Seite giebt, auch wieder die Seite finden, denn wenn $I = \frac{n s^2 \cot . v}{4 \sin t}$ so ist $\frac{4 I \sin t}{n . \cot v} = s^2$ und $s = 2\sqrt{\frac{I \sin t}{n \cot v}}$; der Inhalt des 12ecks, dessen Seite verlangt wird, ist aber durch den Inhalt des 9ecks bestimmt, dem jener gleich seyn soll, und der Inhalt dieses 9ecks beträgt $= 13481{,}8$ indem sein Logar. $= 4{,}1297504$ ist (siehe das zweite Beispiel der fünften Aufgabe). Diesen Werth in die obige Formel für I gesetzt, giebt

$$\left.\begin{array}{rl} \log I = & 4{,}1297504 \\ \log \sin t = & 10, \\ \hline & 14{,}1297504 \\ \log n + \log \cot v = & 11{,}6511288 \end{array}\right\} \angle = \tfrac{180^\circ}{12} = 15^\circ$$

$$\begin{array}{rl} & 2{,}4786216 : 2 \\ = & 1{,}2393105 \\ \log 2 = & 0{,}3010300 \\ \hline & 1{,}5403405 \end{array} \Big\} \text{ addirt}$$

wozu die Zahl 34,7008 als Seite des 12ecks gehört.

Zusatz. Hieraus ergiebt sich der Umfang des 12ecks $= 416{,}41$ und der des gleichen 9ecks ist $= 420{,}3$; so muß es nach dem Zusatze der dritten Aufgabe auch seyn.

12te Aufgabe. (Fig. 9.)

Wie groß ist die Seite eines regulären 18ecks, das einem Kreise gleich ist, wo dem Centriwinkel von 40°, eine Sehne von 10 Fuß zukömmt?

Auflösung. Um den Inhalt des Kreises zu finden, berechne man den Radius. Ist nun $AB = 10$, so ist $AC = 5$, eben so $\angle AOC = 20^\circ$, da $AOB = 40^\circ$ ist. Nun verhält sich: $AO : AC = \sin t : \sin 20^\circ$, oder

$\log AO = \log 5 + \log \sin t - \log \sin 20^\circ$

$\log 5 + \log \sin t = 10,6989700$

$\log \sin 20° = 9,5340517$

$1,1649183 = \log AO$ und $AO = 14,619$

Da der Kreis $= r^2 \pi$ ist, so berechne man ihn mit Logarithmen, den $\log r = 1,1649183 (2$

$2,3298366$

$\log \pi = 0,4969296$

$\log K = 2,8267662$ daher $K = 671,06$

Dies soll nun zugleich der Inhalt des 18ecks seyn, daher seine Seite $s = 2\sqrt{\frac{I \sin t}{n \cot v}}$ (siehe die vorige Aufgabe); hier ist $\angle v = 10°$ da $n = 18$ ist, also

$\log I + \log \sin t = 12,8267662$

$\log 18 + \log \cot 10° = 12,0089537$

$0,8178125 : 2$

$0,4089062$ } addirt

$\log 2 = 0,3010300$ }

$0,7099362$ wozu die Seite des gesuchten 18ecks $= 5,12786$. Wie verlangt war.

13te Aufgabe. (Fig. 9.)

Eine Formel für ein Segment (Sg) zu entwickeln, blos aus dem Apothema (a) und der Sehne (s).

Auflösung. Um das Segment AFB zu erhalten, muß das $\triangle AOB$ vom Sector OAFB subtrahirt werden, daher beide erst selbst berechnet werden müssen; um den Sector zu finden, ist der Kreis nöthig, und dieser kann aus dem Radius AO gefunden werden, dann $AO^2 = AC^2 + OC^2 = \frac{s^2}{4} + a^2 = \frac{s^2 + 4a^2}{4}$; nun ist $K = r^2 \pi$ also $= \frac{(s^2 + 4a^2)\pi}{4}$. Nennt man $\angle AOB = v$, so verhält sich $K : S = 360° : v$ und es ist $S = \frac{K.v}{360} = \frac{(s^2 + 4a^2)\pi v}{4.360}$ $= \frac{(s^2 + 4a^2)\pi 2 . \frac{v}{2}}{360 . 4}$. Das $\triangle AOB$, welches subtrahirt

werden muß, ist $= \frac{s}{2} \cdot a = \frac{sa}{2}$, daher ist das $Sg = S - \triangle$
$$= \frac{(s^2 + 4a^2)\pi . 2 . \frac{v}{2}}{360 . 4} - \frac{sa}{2}.$$ Jetzt fehlt nur noch die Berechnung des Winkels v oder $\frac{v}{2}$. Es verhält sich aber beim $\triangle AOC$, $OC : AC = \cos\frac{v}{2} : \sin\frac{v}{2} = a : \frac{s}{2}$, und es ist $\frac{a}{\frac{s}{2}} = \frac{2a}{s} = \frac{\cos\frac{v}{2}}{\sin\frac{v}{2}} = \cot . \frac{v}{2}$. Aber diese Cotangente können wir nicht in unseren obigen Ausdruck einführen, sondern dieser verlangt den Winkel selbst, da wir nun eben $\frac{2a}{s}$ als cotg $\angle \frac{v}{2}$ fanden, so können wir für $\angle \frac{v}{2}$ auch setzen $\angle \text{cotg} \frac{2a}{s}$ d. h. der Winkel dessen cotg $= \frac{2a}{s}$ ist. So wird nun unserer obiger Ausdruck für
$$Sg = \frac{(s^2 + 4a^2)\pi . 2 . \angle \text{cotg} . \frac{2a}{s}}{360 . 4} - \frac{sa}{2}.$$ Da das erste Glied dieses Ausdrucks den Sector, und das zweite den Triangel giebt, so kürze man die Formel selbst durch Vereinigung beider Glieder nicht weiter ab, selbst wenn man im ersten Gliede die 2 des Zählers gegen die 4 im Nenner zum Theil aufheben kann.

Es sey z. B. $a = 4$ und $s = 5$, so ist $4a^2 + s^2 = 89$, ferner ist $2\pi = 6{,}28$ und $\frac{sa}{2} = 10$. Nun suche man den Winkel, dessen Cotangente $= \frac{2.a}{s} = \frac{8}{5}$ ist, denn dieser Winkel selbst muß multipliciren. Diesen Ausdruck wollen wir jetzt durch Logarithmen berechnen, wobei nicht zu vergessen ist, daß der log sint = 10 in den Tabellen ist, wo wir doch nachher den zugehörigen Winkel aufsuchen müssen, ferner ist $\cot = \frac{\cos . \sin t}{\sin}$ und wir haben in unserer Formel $\cot = \frac{\cos}{\sin}$ angenommen, weshalb wir zum $\log \frac{8}{5}$ noch den $\log \sin t$ zu zuaddiren haben. Nun ist

$$\log 8 + \log \sin t = 10{,}9030900$$
$$\log 5 = \underline{0{,}6989700}$$
$$\log \cot . \frac{v}{2} = 10{,}2041200$$

Der Winkel dessen log cot dies ist, ist der Winkel von 32° (noch keine Minute zu klein), welcher also in obige Formel eingeführt, das $Sg = \frac{89 . 6{,}28 . 32}{1440} - 10$ giebt. (Hätte $\angle \frac{v}{2}$ noch Minuten, so müßten die Grade sowohl oben wie die 360 unten zu Minuten gemacht werden.)

Nun ist $\left.\begin{array}{l}\log 89 = 1{,}9493900\\ \log 6{,}28 = 0{,}7979596\\ \log 32 = 1{,}5051500\end{array}\right\}$ addirt

$$4{,}2524996$$
$$\log 1440 = \underline{3{,}1583625} \text{ subtrahirt}$$
$$1{,}0941371$$ hierzu die Zahl $12{,}42 = S$

folglich $Sg = S - \Delta = 12{,}42 - 10 = 2{,}42$.

14te Aufgabe. (Fig. 10.)

Das Triangel ABC ist gleichschenklich, $BA = BC = 7{,}8$ der $\angle B$ als der ungleiche Winkel des Triangels ist $= 44° \, 8'$; man soll die Radien zweier Kreise finden, wo die Peripherie des einen gleich dem Perimeter dieses Triangels, und der andere Kreis selbst gleich dem Inhalte des Triangels ist.

Auflösung. Es muß die Grundlinie und Höhe des Triangels zuerst berechnet werden, welche letztere man daher von B auf AC fälle nach D. Jetzt verhält sich: $AD : AB = \sin \angle ABD : \sin t$, d. h.

$AD : 7{,}8 = \sin 22° \, 4' : \sin t$

$$\begin{array}{rl} \log 7,8 = & 0,8920946 \\ \log \sin 22^\circ 4' = & \underline{9,5748240} \\ & 10,4669186 \\ \log \sin t = & \underline{10,\qquad\quad} \\ & 0,4669186 \end{array}$$

hierzu die Zahl 2,9303 $= AD$, deshalb $AC = 2AD = 2.2,9303 = 5,8606$, folglich der Umfang des Triangels $= 2AB + AC = 21,4606$. Setzt man dies $= P$, so ist die Formel für den Radius eines Kreises aus der Peripherie: $R = \frac{P}{2\pi} = \frac{21,4606}{6,28} = 3,4172$ (durch Logarithmen berechnet).

Nun muß noch die Höhe BD gesucht werden, und da verhält sich: $BD : AB = \cos \angle ABD : \sin t$ oder $BD : 7,8 = \cos 22^\circ 4' : \sin t$

$$\begin{array}{rl} \log 7,8 = & 0,8920946 \\ \log \cos 22^\circ 4' = & \underline{9,9669614} \\ & 10,8590560 \\ \log \sin t = & \underline{10,\qquad\quad} \\ & 0,8590560 \end{array}$$

wozu die Zahl $7,2286 = BD$

Es ist nun $\Delta ABC = BD . AD$, da man die Logarithmen für diese beiden Zahlen hat, so addire man sie, es ist

$$\begin{array}{rl} \log BD = \log 7,2286 = & 0,8590560 \\ \log AD = \log 2,9303 = & \underline{0,4669186} \\ & 1,3259746 \end{array}$$

Hierzu den Inhalt des $\Delta = 21,182$. Dieser soll nun einem Kreise gleich seyn dessen Radius gesucht wird, es ist aber $R = \sqrt{\frac{K}{\pi}}$; nun ist

$$\begin{array}{rl} \log K = \log 21,182 = & 1,3259746 \\ \log \pi = & \underline{0,4969296} \\ & 0,8290450 : 2 \\ & 0,4145225 \end{array}$$

wozu die Zahl 2,5973 als Radius des Kreises gehört.

Zusatz. Daher ist der Kreis, dessen Inhalt das Triangel ist, kleiner, als der Kreis, dessen Peripherie der Umfang des Triangels ist.

15te Aufgabe. (Figur 10 und 11.)

Bei einem Triangel BAC sind zwei Seiten AB = 40,3 und AC = 94,6, nebst dem eingeschlossenen Winkel A = 61° gegeben; man verlangt die Seite eines, diesem Triangel gleichen Quadrats, so wie den Radius eines Kreises, worin dieses Quadrat beschrieben werden kann.

Auflösung. Fälle von B auf AC den Perpendikel BD, so verhält sich: BD : AB = sin 61° : sint, log AB

$$\begin{aligned} = \log 40{,}3 &= 1{,}6053050 \\ \log \sin 61° &= \underline{9{,}9418193} \\ & \quad 11{,}5471243 \\ \log \text{sint} &= \underline{10,\qquad\quad} \\ & \quad 1{,}5471243 \end{aligned}$$

wozu die Zahl 35,247 = BD. — $\triangle$ ABC = BD. $\frac{AC}{2}$ = 35,247 . 47,3 = 1667,1831. Hieraus wird die Seite des verlangten Quadrats = $\sqrt{1667{,}1831}$ = 40,83 seyn. Nennt man eines Kreises Radius = R, so ist die Seite des Quadrats in diesem Kreise = R $\sqrt{2}$ = 40,83, deshalb ist R = $\frac{40{,}83}{\sqrt{2}}$ = 28,871.

16te Aufgabe. (Fig. 12.)

Bei dem Vierecke ABDC sind drei Seiten, AC = 7,8, BD = 14,5 und CD = 26,9 nebst 2 Winkeln $\angle$ C = 47° 15′ und $\angle$ D = 30° 21′ gegeben; wie groß ist der Perimeter, und wie groß der Inhalt dieses Vierecks?

Ferner soll man die Radien zweier Kreise finden, in welchen einen sich ein reguläres 9eck von dem Perimeter dieses Viereck, und in den anderen ein reguläres 12eck von dem Inhalte dieses Vierecks, beschreiben lassen.

Auflösung. Fälle die Perpendikel AE und BF von den Punkten A und B auf die Seite CD, so ist das Viereck in die beiden Triangel CAE, BFD und in das Paralleltrapez EABF worin EF die Höhe ist, zerlegt. Wird jede dieser 3 Flächen für sich berechnet, so ist ihre

Summe das Viereck. Betrachte $\triangle CAE$, so verhält sich $CE : CA = \cos C : \sin t$ d. h. $CE : 7{,}8 = \cos 47^\circ\ 15' : \sin t$.

Nun ist $\log 7{,}8 = 0{,}8920946$

$\log \cos 47^\circ\ 15' = 9{,}8317423$

$10{,}7238369$

$\log \sin t = 10,$

$0{,}7238369 = \log CE$ und $CE = 5{,}2946$

Ferner:

$AE : AC = \sin C : \sin t$ d. h. $AE : 7{,}8 = \sin 17^\circ\ 15' : \sin t$

Es ist $\log 7{,}8 + \log \sin 47^\circ\ 15' - \log \sin t = 0{,}7579814$ weshalb $AE = 5{,}7277$.

Beim $\triangle DBF$ verhält sich $DF : DB = \cos 30^\circ\ 21' : \sin t$ daher wird $\log DF = \log DB + \log \cos 30^\circ\ 21' - \log \sin t = 1{,}0973561$ dazu die Zahl $12{,}512 = DF$. Eben so wird nun BF berechnet, indem $BF : BD = \sin D : \sin t$ und $\log BF = \log BD + \log \sin 30^\circ\ 21' - \log \sin t = 0{,}8649009$ wozu die Zahl $7{,}3265$ gehört. — Wenn man nun $\triangle CAE$ berechnen will, so ist dasselbe $= \frac{CE . AE}{2}$ eben so $\triangle BFD = \frac{BF . DF}{2}$; diese Ausdrücke sind leicht durch Logarithmen zu berechnen, da man die Logarithmen der einzelnen Linien bereits hat;

Für $\triangle CAE = \frac{CE . AE}{2}$

$\log CE = 0{,}7238369$

$\log AE = 0{,}7579814$

$1{,}4818183$

$\log 2 = 0{,}3010300$

$1{,}1807883$

daher $\triangle CAE = 15{,}163$

Für $\triangle BFD = \frac{BF\ DF}{2}$

$\log BF = 0{,}8649009$

$\log DF = 1{,}0973561$

$1{,}9622570$

$\log 2 = 0{,}3010300$

$1{,}6612270$

weshalb $\triangle BFD = 45{,}838$

Die Linie EF ist $= CD - (CE + FD) = 26{,}9 - 17{,}8066 = 9{,}0934$. Nun ist der Inhalt des Paralleltrapezes $ABFE = \frac{(EA + BF)\ EF}{2} = \frac{(5{,}7277 + 7{,}3265)\ 9{,}0934}{2} = \frac{13{,}0542\ .\ 9{,}0934}{2} = 6{,}5271 . 9{,}0934 = 59{,}353$ (durch Logarithmen). Endlich ist Viereck CABD = △CAE + △FBD + Trapez EABF = 120,354.

Um nun auch den Perimeter des Vierecks zu finden, muß man die Seite AB berechnen, zu welchem Ende man aus A die AO ∦ CD zieht, denn nun ist AO = EF = 9,0934, ferner BO = BF — FO = BF — AE = 7,3265 — 5,7277 = 1,5988; und $AB = \sqrt{Ao^2 + Bo^2} = \sqrt{9{,}0934^2 + 1{,}5988^2} = 9{,}2328$.
Jetzt ist CA + AB + BD + DC = 58,4328.

Um den zweiten Theil der Aufgabe zu erfüllen, wollen wir zuerst das reguläre 9eck betrachten dessen Umfang = dem des Vierecks seyn sollte. Nach der 6ten Aufgabe ist der Inhalt eines regulären n ecks im Kreise, dessen Radius r ist, $I = \frac{n r^2 \sin 2v}{2 . \sin t}$, daher $r = \sqrt{\frac{2 I . \sin t}{n . \sin 2v}}$; nach der 5ten Aufgabe ist der Inhalt eines regulären n ecks aus dem Umfange u berechnet, $I = \frac{u^2 \cot v}{4 n \sin t}$; wird dieser Werth für I in jenen oberen Ausdruck für r gesetzt, so ist
$r = \sqrt{\frac{2 u^2 \cot v . \sin t}{4 . n . n . \sin t . \sin 2v}} = \sqrt{\frac{u^2 . \cot v}{2 n^2 \sin 2v}}$; der ∠ v ist = dem halben Centriwinkel, daher hier $= \frac{180}{9} = 20°$ und $2v = 40°$.
Nun ist u = 58,4328 daher

$$\log 58{,}4328 = 1{,}7666567 \,(2$$
$$\log u^2 = 3{,}5333134$$
$$\log \cot 20° = \underline{10{,}4389341}$$
$$13{,}9722475 = \log u^2 \cot v.$$

Ferner $\log n = \log 9 = 0{,}9542425 \,(2$
$$\log n^2 = 1{,}9084850$$
$$\log 2 = 0{,}3010300$$
$$\log \sin 2v = \log \sin 40° = \underline{9{,}8080675}$$
$$12{,}0175825 = \log 2 n^2 \sin 2v$$

Diesen Logarithmus von den des Zählers abgezogen, läßt 13,9722475 — 12,0175825 = 1,9546650, und weil die Quadratwurzel ausgezogen werden soll, so ist nun endlich

$\log r = \frac{1,9546650}{2} = 0,9773325$ wozu die Zahl 0,94914 als Radius des Kreises gehört, worin jenes 9eck beschrieben werden kann.

Zusatz 1. Die Peripherie des hierzu gehörigen Kreises ist $= 59,606$ ($\log P = 1,7752921$), also wie es seyn muß, größer als der Perimeter des 9ecks, der $= 58,4328$ war. —

Noch müssen wir den Radius des zweiten Kreises berechnen, worin laut Aufgabe ein, jenem Vierecke gleiches reguläres 12eck beschrieben werden kann. Nehmen wir wieder jene Formel der 6ten Aufgabe, so ist $r = \sqrt{\frac{2 I \sin t}{n . \sin 2v}}$ wie wir eben entwickelt haben, hier ist nun I selbst bekannt, als $= 120,354 =$ Viereck; n ist $= 12$, daher $\angle 2v = \frac{360}{12} = 30°$. So wird nun

$$
\begin{aligned}
\log I = \log 120,354 &= 2,0804605 \\
\log \sin t &= 10, \\
\log 2 &= \underline{0,3010300} \\
& 12,3814905 \\
\log \sin 30° &= 9,6989700 \\
\log 12 &= \underline{1,0791813} \\
& 10,7781513
\end{aligned}
$$

So wird nun der $\log \sqrt{\frac{2 I \sin t}{n \sin 2v}} = 0,8016696$ wozu die Zahl 0,63338 als Radius des zweiten verlangten Kreises gehört.

Zusatz 2. Der Inhalt des Kreises ist $= 125,97$ ($\log K = 2,1002688$), also größer als das Viereck $= 120,354$; wie es auch seyn muß.

17te Aufgabe.

Es ist ein reguläres Fünfeck gegeben, dessen Seite $= 7,7$ ist; man will einen Ring (Rg) haben, der gleich diesem Fünfecke, und dessen innere Peripherie gleich dem Perimeter eines, jenem Fünfecke gleichen Quadrats ist. — Wie groß werden beide Durchmesser des Ringes seyn?

Auflösung. Berechne den Inhalt des gedachten Fünfecks, nach der Formel $\frac{ns^2 \cot v}{4 \sin t}$, so ist $\angle v = \frac{180}{5} = 36°$, daher: $\log s = \log 7{,}7 = 0{,}8864907$ (2

$$\begin{aligned}
\log 7{,}7^2 &= 1{,}7729814 \\
\log 5 &= 0{,}6989700 \\
\log \cot 36° &= 10{,}1387390 \\
&\overline{12{,}6106904} \\
\log 4 \sin t &= 10{,}6020600 \\
&\overline{2{,}0086304}
\end{aligned}$$

Hiernach ist das Fünfeck selbst $= 102{,}007$.

Die innere Peripherie des verlangten Ringes soll nun der Perimeter eines Quadrats seyn, das diesem Fünfecke gleich ist; daher soll $Q = 102{,}007$ seyn, und die Seite $S = \sqrt{102{,}007} = 10{,}0998$, daher der Perimeter $= 4 \cdot 10{,}0998 = 40{,}3992$; soll nun dies die Peripherie eines Kreises seyn, so muß dessen Radius $= \frac{P}{2\pi} = \frac{40{,}3992}{6{,}28} = 6{,}433$ seyn. Um ferner den Radius des großen Kreises zu bekommen, muß man den kleinen Kreis und den Rg addiren, daher erst wieder der kleine Kreis selbst aus seinem nunmehr gefundenen Radius berechnet werden muß; es ist nun $K = r^2\pi$ und $\log r = 0{,}8084156$ (2 (wofür die Zahl 6,433 gefunden wurde)

$$\begin{aligned}
\log r^2 &= 1{,}6168312 \\
\log 3{,}14 &= 0{,}4969296 \\
\log K &= 2{,}1137608
\end{aligned}$$

Hiernach ist $K = 129{,}94$; wird nun der Ring hierzu addirt, so wird der große Kreis $= 129{,}94 + 102{,}007 = 231{,}947$; nach der Formel $R = \sqrt{\frac{K}{\pi}}$ jetzt den Radius berechnet, so wird derselbe $= 8{,}5946$; der kleine Radius war bereits $= 6{,}433$ gefunden. Also sind endlich die Durchmesser: $D = 17{,}1892$ und $d = 12{,}866$.

18te Aufgabe. (Fig. 10.)

Es ist ein Kreisbogen $= B$ gegeben, der n Grade hat; man verlangt eine Formel für die Höhe eines gleichschenklichen Triangels, dessen Grundlinie gleich dem Radius, und dessen Umfang gleich der Peripherie des Kreises ist, wozu jener Bogen gehört.

Auflösung. Suche die Peripherie des Kreises P, so ist sie $= \frac{360 . B}{n}$ $(P : B = 360 : n^\circ)$, und hieraus den Radius welcher $= \frac{P}{2\pi} = \frac{360 . B}{2\pi n} = \frac{180\, B}{\pi n}$. Diese Linie soll zugleich die Grundlinie des gleichschenklichen Triangels seyn, dessen Umfang $= P = \frac{360 . B}{n}$ ist; zieht man die Grundlinie vom Umfang ab, und dividirt den Rest durch 2, so hat man eine der gleichen Seiten des gleichschenklichen Triangels, welche daher seyn wird: $AB = \frac{\frac{360 . B}{n} - \frac{180\, B}{\pi n}}{2}$

$$= \frac{360 \pi B - 180 B}{2 . n . \pi} = \frac{180 B\, (2\pi - 1)}{2 n \pi} = \frac{90 B\, (2\pi - 1)}{n \pi}$$

$$= \frac{90 B\, (6{,}28 - 1)}{n . \pi} = \frac{90 . B . 5{,}28}{n \pi} = \frac{475{,}2\, B}{n \pi} = \frac{z B}{n \pi}$$

(wenn wir $z = 475{,}2$ setzen). Nun ist $BD^2 = BA^2 - AD^2$

$$= BA^2 - \left(\frac{AC}{2}\right)^2 = \left(\frac{zB}{n\pi}\right)^2 - \left(\frac{180\, B}{2\pi n}\right)^2$$

$$= \left(\frac{zB}{n\pi}\right)^2 - \left(\frac{90\, B}{n\pi}\right)^2 = \frac{z^2 B^2 - 90^2 B^2}{n^2 \pi^2} = \frac{B^2 (z^2 - 90^2)}{n^2 \pi^2}.$$

Daher die Höhe $BD = \sqrt{\frac{B^2 (z^2 - 90^2)}{n^2 \pi^2}} = \frac{B}{n \pi} . \sqrt{(z^2 - 90^2)}$

$$= \frac{B}{n\pi} \sqrt{(z + 90)(z - 90)} = \frac{B}{n\pi} \sqrt{(475{,}2 + 90)(475{,}2 - 90)}$$

$$= \frac{B}{n\pi} \sqrt{(562{,}2 . 385{,}2)} = \frac{B}{n\pi} \sqrt{216559{,}4} = \frac{B}{n} . \frac{465{,}35}{3{,}14}$$

$= \frac{B}{n} . 148{,}2$. (Laut logarithmischer Berechnung, wo der Logarithmus für $148{,}2 = 2{,}1708588$ sich ergiebt.)

Anmerk. Es versteht sich, daß $\angle n$ hier in Graden gerechnet ist, und wenn Minuten gegeben werden, so müssen diese erst zu Bruchgraden gemacht werden.

Zusatz. Es sey $B = 84{,}7$ und $\angle n = 24^\circ\ 15'$ $= 24\frac{1}{4}^\circ = \frac{97^\circ}{4}$, so ist die Höhe $= \frac{B}{n} \cdot 148{,}2 = \frac{84{,}7}{\frac{97}{4}} \cdot 148{,}2$ $= \frac{4 \cdot 84{,}7 \cdot 148{,}2}{97}$.

Nun ist
$$\left.\begin{array}{r} \log 4 = 0{,}6020600 \\ \log 84{,}7 = 1{,}9278834 \\ \log 148{,}2 = 2{,}1708588 \end{array}\right\} \text{addirt}$$
$$\begin{array}{r} 4{,}7008022 \\ \log 97 = 1{,}9867717 \\ \hline 2{,}7140305 \end{array}$$
wozu die Zahl 517,64 als Höhe BD gehört.

19te Aufgabe. (Fig. 13.)

Aus zwei aneinander stoßenden Sehnen AB und BC eines Kreises nebst dem Radius OB, den Winkel zu finden, den beide Sehnen mit einander machen, und eben so den Abschnitt zu berechnen, worin diese Sehnen sich befinden.

Auflösung. Nenne AB = a, BC = b und den Radius BO = r; ziehe die Radien OC und OA, so ist nach dem aus der Trigonometrie bekannten Satze,

$\cos \angle CBO = \frac{(b^2 + r^2 - r^2)\sin t}{2rb} = \frac{b^2 \sin t}{2rb} = \frac{b \cdot \sin t}{2r}$, eben so $\cos \angle ABO = \frac{a \sin t}{2r}$; hat man nun beide Winkel gefunden, so ist ihre Summe der verlangte Winkel ABC. — Z. B. es sey $a = 7{,}5$ $b = 4{,}8$ und $r = 6$, so ist $\cos CBO = \frac{4{,}8 \sin t}{12}$

daher $\log 4{,}8 = 0{,}6812412$	Eben so $\cos ABO = \frac{7{,}5 \sin t}{12}$
$\log \sin t = 10,$	$\log 7{,}5 + \log \sin t = 10{,}8750613$
$10{,}6812412$	$\log 12 = 1{,}0791813$
$\log 12 = 1{,}0791813$	$9{,}7958800$
$9{,}6020599$	hierzu gehört $\angle 51^\circ\ 20'$
wozu $\angle 66^\circ\ 26'$	

Folglich ist $\angle CBA = 66^\circ\ 26' + 51^\circ\ 20' = 117^\circ\ 46'$. Wird nun $\angle CBA$ von 180° subtrahirt, so bleibt $\angle CDA = 180^\circ - 117^\circ\ 46' = 62^\circ\ 14'$ übrig, welcher verdoppelt $\angle COA$ giebt $= 124^\circ\ 28'$ (weil die Summe der gegenüber liegenden Winkel in einem Vierecke im Kreise immer 180° beträgt, und weil der Peripheriewinkel die Hälfte des Centriwinkels auf demselben Bogen ist). Da der $\angle CBA$ stumpf ist, so liegt er nicht in dem Abschnitte, worin der Mittelpunkt liegt; man fälle daher von O auf AC den Perpendikel OE, um ihn sowohl wie die Sehne AC zu berechnen, damit man $\triangle COA$ erhalte, welches vom Sector abgezogen das Segment übrig läßt. Es verhält sich nun:

$CO : CE = \sin t : \sin 62^\circ\ 14'$	$CO : OE = \sin t : \cos 62^\circ\ 14'$
$\log CO = \log 6 = 0{,}7781513$	$\log CO = \log 6 = 0{,}7781513$
$\log \sin 62^\circ\ 14' = 9{,}9468707$	$\log \cos 62^\circ\ 14' = 9{,}6682665$
$10{,}7250220$	$10{,}4464178$
$\log \sin t = 10,$	$\log \sin t = 10,$
$0{,}7250220$	$0{,}4464178$
wozu die Zahl $5{,}3091 = OE$	hierzu die Zahl $2{,}7952 = OE$

Dies giebt $\log \triangle COA = 1{,}1714398$ und $\triangle = 14{,}84$.

Um den Sector zu finden, schließe man:

$S : K = 124^\circ\ 28' : 360^\circ$, es ist aber $K = 6^2 . 3{,}14 = 113{,}04$

daher $S : 113{,}04 = 7468' : 21600'$

$\log 113{,}04 = 2{,}0532321$

$\log 7468 = 3{,}8732043$

$5{,}9264364$

$\log 21600 = 4{,}3341537$

$1{,}5919827$ wozu der Sector $= 39{,}082$;

deshalb ist endlich das Segment $=$ Sector $-$ Triangel $= 39{,}082 - 14{,}84 = 24{,}242 =$ Sg. Wie verlangt war.

20ste Aufgabe. (Fig. 13.)

Aus drei Seiten eines Vierecks im Kreise, nebst dem Radius des Kreises, den Inhalt des Vierecks zu berechnen.

Auflösung. Wenn drei Seiten eines Vierecks im Kreise gegeben sind, so kann man aus ihnen und dem

Radius die vierte Seite auf folgende Art berechnen: man berechne, wenn z. B. $AB = a$, $BC = b$, $CD = c$ und $OA = r$ gegeben sind, die drei Centriwinkel AOB, BOC und COD, indem man sagt:

$$\cos AOB = \frac{(r^2 + r^2 - a^2)\sin t}{2rr} = \frac{(2r^2 - a^2)\sin t}{2r^2}$$

und eben so die anderen beiden Centriwinkel findet; subtrahirt man nun die Summe aller dreier von $4R = 360°$ so bleibt $\angle DOA$ übrig, und hat man diesen, so ist wieder $AD = \sqrt{2r^2 - \frac{2r^2 \cos DOA}{\sin t}}$. Diese Linie AD nenne man nun d. — Wenn die drei Seiten eines Triangels, z. B. n, m und p heißen, so ist, wie bekannt, die Formel für den Inhalt des Triangels aus den drei Seiten allein bestimmt folgende:

$$\triangle = \tfrac{1}{4}\sqrt{[(n+m+p)(n+m-p)(n+p-m)(p+m-n)]}$$

welche Formel viel leichter zu behandeln ist als es Anfangs scheinen mögte. Wenden wir dies auf die Triangel unserer vorliegenden Aufgabe, mit Berücksichtigung ihrer Namen an, so erhalten wir:

$$\triangle AOB = \tfrac{1}{4}\sqrt{[(a+r+r)(a+r-r)(a+r-r)(r+r-a)]}$$
$$= \tfrac{1}{4}\sqrt{[(a+2r)a.a.(2r-a)]} = \tfrac{1}{4}\sqrt{[(2r+a)(2r-a)a^2]}$$
$$= \frac{a}{4}\sqrt{(4r^2 - a^2)}.$$

Ganz auf demselben Wege findet man:

$$\triangle BOC = \frac{b}{4}\sqrt{(4r^2 - b^2)},\ \triangle COD = \frac{c}{4}\sqrt{(4r^2 - c^2)},$$
$$\triangle DOA = \frac{d}{4}\sqrt{(4r^2 - d^2)},$$

folglich die Summe aller dieser Triangel oder das Viereck

$$ABCD = \frac{a\sqrt{(4r^2 - a^2)} + b\sqrt{(4r^2 - b^2)} + c\sqrt{(4r^2 - c^2)} + d\sqrt{4r^2 - d^2)}}{4}$$

Z. B. es sey $a = 7$, $b = 4$, $c = 8$, $r = 5$, so ist zuerst $\cos AOB = \frac{(2r^2 - a^2)}{2r^2} = \frac{(50 - 49)\sin t}{50} = \frac{1.\sin t}{50}$, daher $\log\cos = \log\sin t - \log 50 = 9{,}3010300$, wozu der

$\angle 78^\circ\ 28'$ gehört; $\cos BOC = \frac{(50-16)\,\text{sin}t}{50} = \frac{34\,.\,\text{sin}t}{50}$, woraus sich $\log\cos = 0{,}8325089$ und $\angle BOC = 47^\circ\ 10'$; ferner $\cos COD = \frac{(50-64)\ \text{sin}t}{50} = \frac{-14\,.\,\text{sin}t}{50}$. Hier mögte es schwieriger scheinen den zugehörigen Winkel zu finden, weil sich ein negativer Factor — 14 im Ausdrucke befindet, und negative Größen keine Logarithmen haben *), — aber, der negative Factor, ist ein Zeichen daß der Cosinus negativ ist und dies, daß der zugehörige Winkel ein stumpfer, und zwar das Supplement eines spitzen ist, welchem jener Cosinus als positiv genommen zukömmt. Nun würde der Winkel, welcher den Cosinus $\frac{14\,.\,\text{sin}t}{50}$ hätte, gleich $73^\circ\ 45'$ seyn, daher $\angle COD = 180^\circ - 73^\circ\ 45' = 106^\circ\ 15'$ ist. Nun addire man die drei berechneten Centriwinkel, so erhält man: $78^\circ\ 28' + 47^\circ\ 10' + 106^\circ\ 15' = 231^\circ\ 53'$, folglich $\angle AOD = 360^\circ - 231^\circ\ 53' = 128^\circ\ 7'$.

Jetzt muß die Seite AD berechnet werden, und ist selbige

$$= \sqrt{\left(2r^2 - \frac{2r^2 \cos AOD}{\text{sin}t}\right)} = \sqrt{\left(50 - \frac{50\,.\,\cos 128^\circ\ 7'}{\text{sin}t}\right)}.$$

Wenn dieser Ausdruck jetzt berechnet wird, so darf nicht vergessen werden daß, da $\angle 128^\circ\ 7'$ stumpf ist, der Cosinus, und daher auch das Glied $\frac{50\,.\,\cos 128^\circ\ 7'}{\text{sin}t}$ negativ wird, weshalb es zu 50 hinzugethan werden muß; nun ist

---

*) Daß negative Größen keine Logarithmen haben, hat früher manchen Streit verursacht, die Sache ist aber dennoch so, nur mit dem wichtigen Zusatze: wenn die Basis des logarithmischen Systems eine positive Zahl ist, wie es der Fall beim Briggschen Systeme ist; dennoch schaden negative Größen in einer logarithmischen Rechnung nichts. Wie höchst wichtig es daher ist, sich mit dieser Eigenschaft genau bekannt zu machen, leuchtet ein, und leider vermissen wir das Gründliche hierüber, in den meisten mathematischen Werken. — Ein Mehreres hiervon an einem anderen Orte.

$$\log \frac{50 \cdot \cos 128^\circ 7'}{\sin t} = 1{,}4994415$$

und das Glied $\frac{50 \cdot \cos 128^\circ 7'}{\sin t} = 31{,}582$ folglich $AD = \sqrt{(50 + 31{,}582)} = \sqrt{81{,}582} = 9{,}0322$ oder schlechtweg $= 9$. Wenn wir nun endlich diese verschiedenen Werthe in unsere Formel für das Viereck selbst setzen, so erhalten wir: Viereck ABCD

$$= \tfrac{1}{4}[7\sqrt{(100-49)} + 4\sqrt{(100-16)} + 8\sqrt{(100-64)} + 9\sqrt{(100-81)}]$$
$$= \tfrac{1}{4}(7\sqrt{51} + 4\sqrt{84} + 8\sqrt{36} + 9\sqrt{19})$$
$$= \tfrac{1}{4}(7 \cdot 7{,}14 + 4 \cdot 9{,}16 + 8 \cdot 6 + 9 \cdot 4{,}53)$$
$$= \tfrac{1}{4}(49{,}98 + 36{,}64 + 48 + 40{,}77) = \frac{175{,}39}{4} = 43{,}85$$ = dem verlangten Inhalt des Vierecks.

Zusatz 1. Der Inhalt des zugehörigen Kreises ist 78,5 also größer wie das Viereck.

Anmerk. Wenn Prüfungen dieser Art, auch nicht ganz die Richtigkeit einer Rechnung bestätigen, so wird es doch immer dienlich seyn sie anzustellen, denn hätte man das Viereck größer als den Kreis gefunden, so wäre die Rechnung doch offenbar unrichtig gewesen.

Zusatz 2 Auf dieselbe Art kann nun der Inhalt eines jeden Polygons im Kreise gefunden werden, wenn nur der Radius des zugehörigen Kreises und die sämmtlichen Seiten weniger eine (die sich aus den übrigen Seiten von selbst ergiebt) gegeben sind. Die Formel bleibt ganz die hier gefundene, mit gehöriger Fortsetzung des Zählers in Hinsicht der übrigen Seiten; der Nenner bleibt 4. —

21ste Aufgabe.

Den Namen eines regulären Polygons zu berechnen.

Auflösung. So leicht und einfach die Lösung dieser Aufgabe auch aus den Formeln, die wir in der fünften und sechsten Aufgabe für die regulären Polygone gefunden haben, zu folgen scheint; so stellen sich dennoch Schwierigkeiten bei gegenwärtiger Aufgabe dar, die wohl so leicht nicht zu überwinden sind. Sie liegen darin, daß aus einer Gleichung eine unbekannte Größe entwickelt werden soll, die einmal als Factor, und dann wieder als Divisor eines Winkels erscheint, dessen Sinus oder Cotangente auch in der Gleichung vorkommen, und daher auch unbekannt sind. Wir wollen, um dies näher zu beleuchten, die Formeln selbst betrachten. In der Formel der fünften Aufgabe haben wir gesehen, daß der Inhalt eines regulären n ecks $= \frac{n s^2 \cot v}{4 \sin t} = \frac{u^2 \cot . v}{4 n \sin t}$ sey, wenn nämlich s die Seite oder u den Umfang bedeutet, $\angle v$ aber ist so viel als $\frac{180^\circ}{n}$; daher unsere Gleichung wird

$$I = \frac{n s^2 \cot\left(\frac{180}{n}\right)}{4 \sin t} = \frac{u \cdot \cot\left(\frac{180}{n}\right)}{4 n \sin t}.$$

Es ergiebt sich hieraus

$$1)\ \frac{4 I \sin t}{s^2} = n \cot\left(\frac{180}{n}\right) \quad \text{und} \quad 2)\ \frac{4 I \sin t}{u^2} = \frac{\cot\left(\frac{180}{n}\right)}{n}.$$

Wie aber aus jeder dieser Gleichungen, je nachdem nun I und s oder I und u gegeben sind, zu entwickeln sey, — bleibt auf einem rein analytisch-trigonometrischen Wege, bis jetzt verborgen. — Alle Mühe bleibt vergebens, die unbekannte Größe n hier zu entwickeln, da sie keinesweges der Divisor der Cotangente oder des Sinusses, sondern des Winkels ist, dessen Cotangente oder Sinus genommen werden soll. Daß aber der Name eines regulären Polygons (n) aus dem Inhalte und der Seite, oder aus I und u bestimmt wird, ist leicht einzusehen, da jedes dieser Stücke mit n verbunden, das andere bestimmen. Wenn aber irgend ein Werth für n angenommen wird, so kann man allerdings sogleich finden, ob es der wahre ist, denn er muß, in die Gleichung eingeführt, auch eine Gleichung erzeugen. Dies scheint uns auf die Anwendung der Falsiregel bei dieser Aufgabe zu führen, allein auch von ihr haben wir hier kein erwünschtes Resultat zu erwarten, (sie kann mit Vortheil bei der Entwickelung der Gleichung $a = x . \sin x$ angewendet werden, wo der bekannte trigonometrische Satz von den Differenzen der Logarithmen der Sinusse u. s. w. angewendet werden kann, wenn nämlich x eine Anzahl Grade seyn soll), weil n eine bloße unbekannte Zahl, und keine Anzahl Winkel bedeutet. — Nehmen wir nun die Formel für $I = \frac{n r^2 \sin 2 v}{2 \sin t}$, wo $2 v = \frac{360}{n}$ bedeutet, vor, so erhält man ebenfalls $\frac{2 I \sin t}{r^2} = n \sin\left(\frac{360^0}{n}\right)$ wo dieselbe Schwierigkeit ist.

Daß bei diesen Untersuchungen immer angenommen war, I sey eine der gegebenen Größen, versteht sich von selbst, denn wenn z. B. u und s gegeben sind, so ist $n = \frac{u}{s}$ wie leicht einzusehen, da $u = n s$ ist.

Wird aber I, u und r, oder s und r gegeben, so kann n entwickelt werden, denn: ist $AB = s$ und $OA = r$ (Fig. 9) gegeben, so hat man im Triangel AOC auch $AC = \frac{s}{2}$, daher $\sin AOC : \sin t = \frac{s}{2} : r$ und es ist $\sin AOC = \frac{\sin t . s}{2 r}$, hieraus findet man $\angle AOC$, u. $\frac{180^0}{AOC} = n$, da $\angle AOB$ der ganze Centriwinkel, also $= \frac{360}{n}$ ist, und $AOC = \frac{180}{n}$. Wie man aber n findet, wenn I, u und r gegeben sind, folgt noch nicht hieraus, sondern wird so bewiesen. Aus I und u kann man das Apothema OC (Fig. 9) finden, indem dasselbe $= \frac{2 I}{u}$ ist. Nämlich: es ist der Inhalt eines regulären Polygons im Kreise immer gleich einem Triangel, dessen Grundlinie der Umfang des Polygons u, und dessen Höhe das Apothema a ist, daher $I = \frac{u a}{2}$ und $\frac{2 I}{u} = a = OC$. Hat man auf diese Art a berechnet, und ist r auch gegeben, so folgt aus $\triangle AOC$, daß sich verhält: $\cos AOC : \sin t = a : r$, weshalb $\cos AOC = \frac{a \sin t}{r}$ ist, woraus $\angle AOC$ bestimmt wird, und mithin wieder $n = \frac{180}{AOC}$ folgt.

Bei den Bestimmungen der gegebenen Stücke dieser Aufgabe, kann man aber durchaus nicht willkührlich verfahren, selbst wenn man nur I und r oder I und s giebt, da man immer wagen würde, daß n eine vermischte Zahl oder wohl gar ein Bruch würde, was doch als Name eines Ecks unmöglich ist; daher müssen die Stücke durchaus so gegeben werden, wie sie sich bei einer Berechnung für I, aus n und r oder aus n und s ergeben haben, und ist gar I, u und r gegeben, so muß auch das dritte Stück erst besonders berechnet worden seyn. Dennoch hat man nur bei der genauesten Berechnung zu erwarten, daß das Resultat vollkommen eine ganze Zahl werde. Dasselbe ist auch nöthig, wenn r und s gegeben sind.

So steht es mit der Lösung dieser Aufgabe, die allerdings nur selten vorkommen wird, aber doch vorkommen kann, wenn man z. B. den Namen des regulären Polygons verloren hätte. — Mir ist durchaus keine Lösung dieser Aufgabe bekannt, die vielleicht auf einem ganz anderen Wege zu Stande kommen kann; z. B. wenn man den Inhalt des Polygons berechnen könnte, ohne den Winkel dabei zu gebrauchen u. s. w., doch scheint mir hierzu keine Aussicht zu seyn. Wenn es aber auch diese Aufgabe an und für sich nicht wäre, die die Lösung einer Gleichung wie $A = x \cdot \sin x$ (wo x eine bloß unbekannte Zahl seyn müßte), wünschenswerth machte, so kommen oft andere Fälle wo sie Nutzen gewähren könnte; und wenn es auch nur die Auflösung dieser Gleichung wäre, so würde die Theorie schon unendlich durch sie gewinnen. — Hoffnung, sollte ich glauben, wäre dazu da; denn Anfangs scheint es auch als sey die Gleichung z. B. $a = \sin\left(\frac{180}{x}\right)$ unauflösbar, allein sucht man den Winkel dessen Sinus = a ist, und findet ihn z. B. = b°, so ist $\sin b^\circ = \sin\left(\frac{180}{x}\right)$ daher $b^\circ = \frac{180}{x}$ und $x = \frac{180}{b^\circ}$. —

Nun mag das hier Gesagte durch folgende Beispiele erläutert werden. Man habe $n = 9$ und $s = 12$, so ist $u = 9 \cdot 12 = 108$; $\angle v = \frac{180}{9} = 20^\circ$ und

$$I = \frac{n \cdot s^2 \cdot \cot v}{4 \sin t} = \frac{9 \cdot 12^2 \cdot \cot 20^\circ}{4 \sin t} = \frac{324 \cdot \cot 20^\circ}{\sin t}.$$

Nun ist $\log 324 = 2{,}5105450$

$$\begin{array}{rl} \log \cot 20^\circ = & \underline{10{,}4389341} \\ & 12{,}9494791 \\ \log \sin t = & \underline{10,} \\ & 2{,}9494791 = \log I, \end{array}$$

und I selbst = 890,1826... Ferner würde $r = \frac{6 \cdot \sin t}{\sin 20^\circ}$ = 17,542807... ($\log r = 1{,}2440996$). Gesetzt also, es würde gegeben $s = 12$ und $r = 17{,}542807$, so ist (Fig. 9) $\sin AOC = \frac{\sin t \cdot 12}{2 \cdot 17{,}542807}$ (wie wir gefunden haben).

Nun ist $\log \sin t \cdot 12 = 11{,}0791813$

$$\begin{array}{rl} \log 2 \cdot 17{,}542807 = & \underline{1{,}5451296} \\ \text{subtrahirt} = & 9{,}5340517 \end{array}$$

dies ist genau der log sin 20°, daher $n = \frac{180}{20} = 9$ oder das Polygon ein 9eck.

Ferner: es sey $I = 890{,}1826$ so wie $u = 108$ und $r = 17{,}542807$ gegeben; so ist das Apothema $= \frac{2 \cdot 890{,}1826}{108}$ = 16,48486 (der log ist = 1,2170853). Nun ist cos AOC $= \frac{16{,}48486 \cdot \sin t}{17{,}542807}$, welches log cos AOC = 9,9729857, wozu wieder ∠ 20° gehört, und welcher $n = \frac{180}{20} = 9$ giebt.

Wird endlich die Formel: $\frac{4 I \sin t}{s^2} = n \cot\left(\frac{180}{n}\right)$ genommen, und für $n = 9$ gesetzt, so muß dieser Werth die Gleichung erfüllen, da ja I aus ihr berechnet ist. Wir wollen aber annehmen, man setze $n = 10$, so wird $\log \frac{4 I \sin t}{s^2} = \log \frac{4 . 890,1826 . \sin t}{144} = 11,3931766$; ferner wird

$\log n . \cot \left(\frac{180}{n}\right) = \log 10 . \cot 18^\circ = 11,4882240$. Je

größer nun n wird, je kleiner wird $\angle \frac{180}{n}$ und daher die Cotangente selbst größer, der Factor n selbst wächst auch, also wird, je größer man n annimmt, auch der Ausdruck $n . \cot . \left(\frac{180}{n}\right)$, deshalb auch sein Logarithmus größer; daher fällt auch dieser mit der Annahme von n; da wir nun eben mit der Zahl 11,4882240 einen zu großen Logarithmus erhielten, so entstand dies aus der zu großen Annahme von n; setzen wir aber $n = 8$, so wird

$$\log . n . \cot \left(\frac{180}{n}\right) = \log 8 . \cot . 22\tfrac{1}{2}^\circ = 11,2752381$$

also zu wenig, deshalb muß $9 = n$, und das Polygon ein Neuneck seyn.

Zusatz. So kann es also nicht fehlen daß, wenn man auch bei der ersten Annahme von n bedeutend von der Wahrheit abweicht, man dennoch bald den wahren Werth treffen muß, zumal da die erste Seite der Gleichung sich nicht ändert, und die zweite höchst einfach bei jeder neuen Annahme von n gefunden werden kann *).

*) Sollte sich irgendwo die vollkommene Lösung dieser Aufgabe finden, besonders in Rücksicht auf die zuletzt gedachte Formel, so würde man mich mit der Nachricht hierüber sehr erfreuen. —

V. Geometrische Aufgaben.

Diese geometrischen Aufgaben können als eine Fortsetzung der eben gehabten analytischen Aufgaben angesehen werden, indem ich zu ihrer Lösung auch größtentheils den analytischen Weg neben dem synthetischen einschlagen werde, um die Vortheile des analytischen Weges zu zeigen und zugleich, wie es leicht ist, nachdem die Formel für die Auflösung gefunden worden, die Construction und nach dieser den synthetischen Beweis zu geben. Aber dennoch unterscheiden sich diese Aufgaben wesentlich von den vorigen dadurch, daß sie alle ohne Trigonometrie gelöset werden, welche Behandlung ein Hauptcharacter der vorigen Aufgaben, mit geringer Ausnahme, war. —

1ste Aufgabe.

Gegeben der Umfang U und der Inhalt I eines gleichschenklichen Triangels; man sieht die Grundlinie und Höhe desselben.

Auflösung. Da man mit einem gegebenen Umfange, kein größeres Triangel als das gleichseitige begrenzen kann (siehe den Zusatz nach der dritten analytischen Aufgabe), so ist es möglich, daß diese Aufgabe unmöglich wird, in dem Falle nämlich, wo I größer als das gleichseitige Triangel ist, dessen Umfang U beträgt. Man stelle daher die Prüfung der Aufgabe folgendermaßen an: wenn S die Seite eines gleichseitigen Triangels ist, so ist dessen Inhalt $= \frac{S^2}{4}\sqrt{3}$; ist nun der Umfang $= U$, so ist die Seite $= \frac{U}{3}$, daher Inhalt $= \frac{U^2}{36}\sqrt{3}$. Wenn man diesen Ausdruck berechnet, so muß er nach dem eben Gesagten, größer als der gegebene I seyn, ist er kleiner, so ist die Aufgabe unmöglich, und ist er ihm gleich, so ist das verlangte Triangel selbst ein gleichseitig △; ist die Aufgabe möglich, so kann U so groß seyn als man will, da man mit einem sehr großen Umfange, doch wenn man will, nur ein sehr kleines gleichschenkliches Triangel begränzen kann. Ist die Aufgabe nun möglich, so setze man die Höhe des verlangten Triangels $= x$, die Grundlinie $= y$ und eine der gleichen Seiten oder Schenkel $= s$, so hat man die beiden Gleichungen 1) $2s + y = U$ und 2) $\frac{x \cdot y}{2} = I$.

Aus der zweiten folgt $\frac{x^2 y^2}{4} = I^2$, und aus der Natur des gleichschenklichen Triangels, folgt

$$x^2 = s^2 - \left(\frac{y}{2}\right)^2 = s^2 - \frac{y^2}{4} = \frac{4s^2 - y^2}{4};$$

daher wird $I^2 = \frac{x^2 y^2}{4} = \frac{4s^2 y^2 - y^4}{16}$.

Aus der ersten Gleichung folgt ferner: $s = \frac{U - y}{2}$, daher $s^2 = \frac{U^2 - 2Uy + y^2}{4}$ und $4s^2 = U^2 - 2Uy + y^2$; wird dieser Werth in den Ausdruck für I^2 gesetzt (nämlich für $4s^2$), so erhält man

$$I^2 = \frac{U^2 y^2 - 2Uy^3 + y^4 - y^4}{16} = \frac{U^2 y^2 - 2Uy^3}{16} \text{ und}$$

$$16 I^2 = U^2 y^2 - 2Uy^3.$$

Hier haben wir nun eine unreine cubische Gleichung, wo y die unbekannte Größe ist, und kann diese Gleichung auch so gesetzt werden $2Uy^3 - U^2 y^2 = -16 I^2$ woraus wieder wird $y^3 - \frac{U^2 y^2}{2U} = \frac{-16 I^2}{2U} = y^3 - \frac{U y^2}{2} = \frac{-8 I^2}{U}$.

Nun muß y so gewählt werden, daß es ein Theiler von $\frac{-8I^2}{U}$ wird. — Setzt man jetzt für U und für I erst ihre Werthe, so sey $U = 16$ und $I = 12$, so wird die obige Gleichung $y^3 - 8y^2 = -72$. Um die Probe nun nicht mit allen Theilern der Zahl 72 anzustellen, so setze man $y = 2m$, hiernach wird $y^2 = 4m^2$ und $y^3 = 8m^3$, weshalb aus jener Gleichung jetzt diese wird: $8m^3 - 32m^2$

$= -72$ und $m^3 - 4m^2 = -9$; da nun m ein Theiler von -9 seyn muß, so setze man $m = 3$, so wird $3^3 - 4.3^2 = 27 - 36 = -9$ wie es seyn muß; also ist $m = 3$ und $2m = 6 = y$; hieraus folgt $x = \frac{2I}{y} = \frac{2.12}{6} = 4$.

Probe. Der Umfang ist $= 2s + y = 2.5 + 6 = 16$ (denn $s = \frac{U - y}{2} = \frac{16 - 6}{2} = 5$); ferner $I = \frac{x.y}{2} = \frac{4.6}{2} = 12$. Also ist die Aufgabe gelöset.

2te Aufgabe. (Fig. 14.)

Gegeben ein Halbkreis AMB und sein Durchmesser $d = AB$; man soll in einer am Endpunkte dieses Durchmessers errichteten Tangente BD, einen Punkt finden so, daß wenn man von ihm aus, nach dem anderen Endpunkte des Durchmessers eine Linie zieht, das Stück dieser Linie welches außerhalb des Kreises fällt, einer gegebenen Linie a gleich sey.

Auflösung. Man nehme an, der Punkt D sey der verlangte Punkt, so ziehe man die Linien DA und CB, und untersuche nun die Eigenschaften der ganzen Linie DA, wovon das Stück $DC = a$ seyn soll. Wüßte man nur das Stück AC, so wäre die Aufgabe auch gelöset, denn alsdann hätte man auch AD und hiermit die Linie BD. Aber wie sich leicht ergiebt, sind die Triangel ABD und ABC rechtwinklich, weshalb sich verhält: $AD : AB : AC$ d. h. $AC + a : d : AC$, hieraus folgt die Gleichung $AC^2 + a.AC = d^2$, daher auch $AC^2 + a.AC + \frac{a^2}{4} = d^2 + \frac{a^2}{4} = \frac{4d^2 + a^2}{4}$ ist, hiernach ist $AC + \frac{a}{2} = \frac{\sqrt{(4d^2 + a^2)}}{2}$ und endlich $AC = \frac{\sqrt{(4d^2 + a^2)}}{2} - \frac{a}{2} = \frac{\sqrt{(4d^2 + a^2)} - a}{2}$. Hiernach kann nun AC berechnet oder auch construirt werden, woraus sich wieder $AD = AC + a = \frac{\sqrt{(4d^2 + a^2)} + a}{2}$ ergiebt; DB kann nun abermals als $= \sqrt{(AD^2 - AB^2)}$

berechnet, oder durch einen Schnitt aus A mit AD bestimmt werden.

Zusatz 1. Um AD nach der Formel zu construiren, mache man d^2, nehme die Diagonale, so ist dieser Quadrat $= 2d^2$, und sie giebt daher wieder als Seite eines Quadrats genommen ein solches, wo das Quadrat der Diagonale $= 4d^2$ ist, wozu man nach dem Pythagoräischen Lehrsatze a^2 hinzu addiren kann, und so $4d^2 + a^2$ erhält, wo die Seite dieses Quadrats $= \sqrt{(4d^2 + a^2)}$ wird; addirt man abermals zu dieser Linie a, und nimmt von der neuen Linie die Hälfte, so hat man die Linie für den Ausdruck $\frac{\sqrt{(4d^2 + a^2)} + a}{2} = AD$.

Zusatz 2. Diese Aufgabe ist in jedem Falle möglich, da die Linie DC = Null und auch unendlich groß werden kann, wie eine Betrachtung der Figur leicht ergiebt.

3te Aufgabe. (Fig. 15.)

Es ist die Lage dreier Punkte A, B, C gegeben, man soll um sie als Mittelpunkte drei, sich wechselseitig berührende Kreise beschreiben.

Auflösung. Da die Kreise sich wechselseitig berühren sollen, so müssen ihre Mittelpunkte und die Berührungspunkte auch wechselseitig in gerader Linie liegen. Man verbinde daher die drei Punkte zum Dreieck ABC, so liegen die Berührungspunkte in den Seiten des Triangels. Hätte man nur einen von diesen Punkten, so wären auch, wie die Figur bei einiger Betrachtung zeigt, die übrigen Punkte bekannt. Man nenne die 3 Seiten des Triangels, die doch bekannt sind: $AC = a$, $AB = b$ und $BC = c$, ferner nenne man den Radius des Kreises um A, $= x$, so ist der des Kreises um B, $= b - x$, denkt man sich diesen auf die Linie BC aufgetragen, so ist der Rest der Linie BC noch $= c - (b - x) = c - b + x$; da auf die Linie AC aber von A aus, die Linie x aufgetragen ist, so bleibt von C aus auf der Linie AC noch der Rest

$a - x$, und dies ist der Radius des Kreises um C, der auch durch den Ausdruck $c - b + x$ bezeichnet war; daher haben wir jetzt die Gleichung $c - b + x = a - x$ woraus $x = \frac{a + b - c}{2} = \frac{a}{2} - \frac{(c - b)}{2}$ wird, und wonach die anderen Seiten sich leicht ergeben. Diese Formel führt nun auf folgende Construction.

Man suche die Differenz zwischen c und b, indem man aus B mit BA ($= b$) den Bogen AE beschreibt, so wird $EC = BC - BA = c - b$; diese Differenz halbire man in F, alsdann halbire man die Linie AC ($= a$) in G, und trage $\frac{CE}{2} = CF$ von G nach H oder subtrahire es von $\frac{AC}{2} = \frac{a}{2}$, so ist $AH = x$. Nun kann man die drei Kreise leicht beschreiben.

Synthetischer Beweis. Würde vorstehende Construction nicht auf dem analytischen Wege gefunden seyn (daher ihre Richtigkeit schon hieraus folgt und bewiesen ist), sondern wäre die Construction vorangeschickt, so müßte sie synthetisch bewiesen werden. Dies würde nun so geschehen. Laut Construction ist: $AO = AH = AG - GH = CG - GH = CG + GH - 2GH = CH - 2GH = CD - 2GH = CD - CE = DE$ (weil nämlich $GH = \frac{CE}{2}$ gemacht war). Nun ist nur zu beweisen, ob auch $BO = BD$, d. h. ob, wenn man mit dem Reste der Linie AB oder mit BO einen Kreis beschreibt, dieser auch den Punkt D trifft. Es ist aber nach der Construction $BA = BE$, und eben fanden wir $AO = DE$, daher auch $BA - AO = BE - DE$, d. h. $BO = BD$ seyn muß.

Zusatz 1. Wenn in unserem Ausdruck für x, der Werth $\frac{c - b}{2} = \frac{a}{2}$ würde, so wäre auch $c - b = a$, d. h. dann wäre die Differenz zweier Seiten eines Triangels gleich der dritten Seite, was nicht möglich ist, oder alsdann lägen die drei Punkte A, B und C in gerader Linie, in welchem Falle also die Aufgabe unmöglich wird.

Zusatz 2. Wird aber das Glied $\frac{c-b}{2}$ negativ, wenn nämlich $c-b$ es wird, so muß man diese Hälfte zu $\frac{a}{2}$ hinzu addiren, welcher Fall z. B. eingetreten wäre, wenn man $CH = x$ gesetzt hätte, dann würde $AH = a - x = AO$ geworden seyn, folglich $BO = BA - AO = b - (a - x) = b - a + x$; aber CD wäre auch $= x$, daher $BD = BC - CD = c - x$; die Gleichung würde nun $b - a + x = c - x$ geworden seyn, wonach $x = \frac{c - b + a}{2} = \frac{a}{2} - \frac{b - c}{2}$ wäre, und hier ist $b - a$ offenbar negativ; würde aber der Ausdruck $\frac{c - b + a}{2}$ so abgeändert worden seyn: $\frac{c}{2} - \frac{b - a}{2}$ so hätte man es wieder mit positiven Werthen zu thun.

Zusatz 3. Wenn die drei Punkte A, B und C nicht in gerader Linie liegen, so kann übrigens das Triangel ABC beschaffen seyn, wie es will, so ist die Aufgabe immer möglich; dies sagt die erhaltene Formel für x die sich immer muß construiren lassen, da des im ersten Zusatze angeführten Satzes wegen, das Glied $\frac{c-b}{2}$ immer kleiner als $\frac{a}{2}$ seyn muß, daher, gleichviel ob es von $\frac{a}{2}$ abgezogen oder hinzugethan wird, es nie $\frac{a}{2}$ übertreffen kann.

4te Aufgabe. (Fig. 16, 17 u. 18.)

Gegeben 2 Kreise SDM und IKL, in der Peripherie des einen ein Punkt G; man soll einen Berührungskreis zeichnen für beide Kreise, der den einen Kreis im Punkte G berührt.

Auflösung. Es kommt hier natürlich nur auf den Mittelpunkt des verlangten Kreises an, denn dessen Radius ist alsdann die Entfernung dieses Punkts vom Berührungspunkte G; dies giebt aber umgekehrt zu erkennen, daß man den Mittelpunkt des gegebenen Kreises mit dem Berührungspunkte G zu verbinden hat, wodurch man eine Linie erhält, in deren Verlängerung offenbar der verlangte Mittelpunkt liegen muß; dies sey die Linie CR. Nun muß in dieser Linie ein Punkt gefunden werden, der eben so weit von der Peripherie des zweiten Kreises (worunter man die Linie versteht, die verlängert nach dem Mittelpunkte geht) entfernt liegt, als vom Punkte G. — Trägt man den Radius des kleinern Kreises, vom Punkte G auf den des größeren Kreises, so daß GF = BN wird, verbindet man ferner den Punkt F mit dem Mittelpunkte des kleineren Kreises B, halbirt die Linie FB in H, und errichtet in H den Perpendikel HC auf FB, so wird dieser da, wo er die Linie AR schneidet, in C den gesuchten Mittelpunkt geben.

Beweis. Es ist △CHF ≅ △CHB (zwei Seiten und den eingeschlossenen Winkel gleich), daher CF = CB, da nun aber GF = NB war, so wird auch CF — GF = CB — NB seyn, d. h. CG = CN. Da nun auch C, N und B in gerader Linie liegen, so ist NPG der verlangte Berührungskreis.

Anmerk. 1. Wenn man die Punkte G und N verbindet, so hat man auch 2 congruente Triangel, aber da man den Punkt N noch nicht kannte, aber doch das Bedürfniß der gleichen Linien von C aus (welcher Punkt damals noch unbekannt war) hatte, so folgte wohl sehr einfach die Construction, daß man gleich lange Linien sich heran dachte, welche hier die Radien waren, indem man deren Endpunkte theils hatte, (Punkt B), theils leicht bestimmen konnte (wie den Punkt F). — Die mannigfaltigen Lagen, die bei dieser Aufgabe in Hinsicht der Kreise und des Punktes G statt finden können, erzeugen nun nothwendig folgende Zusätze.

Zusatz. 1. Da es bei der Lösung unserer Aufgabe, darauf ankam, daß die Linien AR und HC sich schneiden, so wird die Aufgabe unmöglich, wenn beide Linien parallel laufen; die Lage die der Punkt G in diesem Falle haben würde, wäre alsdann so zu bestimmen: man verbinde beide Mittelpunkte der Kreise A und B, halbire diese Centrallinie in P und beschreibe den Halbkreis BQA aus P; von A aus schneide man diesen Halbkreis mit der Differenz beider Radien = AF, und verbinde nun A mit F, so wird die Verlängerung dieser Linie in der Peripherie den Punkt D bestimmen, der als Berührungspunkt gegeben, die Aufgabe unmöglich machen würde. Denn, wollte man nun gedachte Construction vollziehen, und den Radius BN von D auf DA auftragen, so träfe man den Punkt E, würde nun E mit B verbunden, und in der Mitte dieser Linie der bewußte Perpendikel errichtet, so würde er der Linie AD parallel laufen, denn ∠ AEB ist als Winkel im Halbkreise ein rechter, daher auch dessen Nebenwinkel DEB, folglich wäre auch die Linie DE ein Perpendikel auf der Linie EB; also der Schnitt unmöglich.

Zusatz 2. Es liegt in der Peripherie des Kreises MGD noch ein zweiter Punkt, der die Aufgabe unmöglich macht; man erhält ihn, wenn man überhalb der Linie AB den Halbkreis und dieselbe Operation wie vorher macht. Hier würde S dieser Punkt seyn.

Zusatz 3. Ist der Berührungspunkt in der Peripherie des kleinen Kreises gegeben z. B. N, so verlängere man die Linie NB über den Mittelpunkt B hinaus, so daß NT gleich dem Radius des größeren Kreises wird, dann verbinde man T mit A, und errichte den Perpendikel in der Mitte der Verbindungslinie TA.

Zusatz 4. Um in der Peripherie des kleinen Kreises die Punkte zu finden, welche die Aufgabe unmöglich machen, beschreibe man wieder aus der Mitte der Centrallinie über ihr einen Halbkreis, und indem man diesen von B aus wieder mit der Differenz beider Radien schneidet in Z, dann Z mit B verbindet, so giebt die Verlängerung dieser Linie rückwärts in L den verlangten Punkt, welches auf dieselbe Art gezeigt wird, wie im ersten Zusatze mit dem Punkte D. — Den zweiten Punkt in der Peripherie des kleinen Kreises, der die Aufgabe unmöglich macht, wird man ebenfalls so finden.

Zusatz 5. Sind die beiden gegebenen Kreise gleich, so wird man nur nöthig haben, die Centrallinie zu halbiren und in ihrer Mitte den Perpendikel zu errichten, bis er die verlängerte Verbindungslinie des gegebenen Berührungspunktes mit dem Mittelpunkte des zugehörigen Kreises, schneidet.

Zusatz 6. Um in diesem Falle die Punkte zu finden, welche die Aufgabe unmöglich machen, hat man blos nöthig in den Mittelpunkten der Kreise eine Senkrechte auf der Centrallinie zu errichten, bis diese die Peripherie schneidet, so ist hier der gesuchte Punkt.

Zusatz 7. Ist der Berührungspunkt gerade da gegeben, wo die Centrallinie die Peripherie schneidet, z. B. in U, so hat man nur die Linie UV (das Stück der Centrallinie, welches zwischen den Peripherien beider Kreise liegt) zu halbiren, so ist die Mitte der Mittelpunkt des gesuchten Kreises, und $\frac{UV}{2}$ der Radius.

Zusatz 8. Für alle Punkte, welche sich in dem Kreisbogen DUS befinden und als Berührungspunkte gegeben werden (der, wie leicht zu beweisen ist, kein Halbkreis seyn kann, sondern kleiner seyn muß), gilt die eben gemachte Auflösung. Wie ist es aber mit den Punkten, in dem Bogen DMS? Für diese gilt folgende Construction (Fig. 17). Es seyen die Kreise DGH und IQK, so wie der Punkt D als Berührungspunkt gegeben. Man verbinde A mit D, so liegt in dieser Linie oder in ihrer Verlängerung der verlangte Mittelpunkt. Wenn man ferner AD außerhalb des Kreises um DE = dem Radius des kleineren Kreises verlängert, jetzt E mit B verbindet, und in der Mitte F der Verbindungslinie EB den Perpendikel FC errichtet, so giebt er bei seiner Schneidung mit der DA in C den gesuchten Mittelpunkt. — Um dies zu beweisen, verbinde man C mit B, so ist $\triangle ECF \cong \triangle BCF$ (weil $FE = FB$, FC gemeinschaftlich, und $\angle EFC = \angle BFE$ ist), daher $CE = CB$; da nun $DE = IB$ gemacht war, so ist auch $CD = CI =$ dem Radius des Berührungskreises DIK.

Zusatz 9. Wäre der Berührungspunkt in diesem Falle in der Peripherie des kleinen Kreises gegeben, so hätte man die Verbindungslinie desselben mit dem Mittelpunkte, ebenfalls außerhalb des Kreises, um den Radius des großen Kreises verlängern müssen, wo man alsdann den Punkt, welcher mit A verbunden werden muß, um den bewußten Perpendikel in der Mitte errichten zu können, erhalten hätte.

Zusatz 10. Wenn aber der Berührungspunkt in L gegeben wäre, d. h. in der Verlängerung der Centrallinie, so hätte man ML halbiren müssen, und würde so den gesuchten Mittelpunkt erhalten haben, und $\frac{ML}{2}$ zum Radius. (Vergleiche Zusatz 7.)

Zusatz 11. Wenn die beiden gegebenen Kreise in einander liegen, so bedarf es noch folgender Betrachtung: wenn (Fig. 18) BAC und DHP die beiden Kreise sind, und A der Berührungspunkt, so verbinde diesen mit dem Mittelpunkte des Kreises, in dessen Peripherie er gegeben ist, also mit Q, so muß in dieser Linie der Mittelpunkt des gesuchten Kreises liegen; nun verlängere diese Verbindungslinie außerhalb des Kreises um AE gleich dem Radius des kleineren Kreises, verbinde E mit dem anderen Mittelpunkte O, halbire OE in F, wo ein Perpendikel auf OE errichtet, verlängert durch seinen Schnitt mit der OE in G den verlangten Mittelpunkt giebt. Dann: verbinde G mit O, so ist nur zu beweisen, daß $GA = GH$ ist, in welchem Falle ein Kreis aus G mit GA beschrieben, zu beiden Kreisen ein Berührungspunkt seyn wird;

da aber GO = GE (aus der Congruenz der beiden Triangel OGF und GFE folgend) und HO = AE gemacht, so ist auch GH = GA. Wie zu beweisen war.

Ist der Berührungspunkt aber in der Peripherie des kleinen Kreises gegeben, so scheint die Auflösung schwieriger zu seyn, doch bedenke man: wenn D der Berührungspunkt seyn soll, so verbinde man ihn wieder mit O, und verlängere die Linie OD außerhalb der Peripherie des kleinen Kreises, um DK gleich dem Radius des großen Kreises, verbinde wieder K mit Q, und errichte auf der Mitte dieser Linie in L den Perpendikel LN, der in N den gesuchten Mittelpunkt erzeugt. Denn: wenn man bedenkt, daß NQ = NK, und wenn man die Linie NQ rückwärts bis zur Peripherie des großen Kreises in B verlängert, daß auch QB = DK (indem DK = QB gemacht ist), so wird auch QB — NQ = DK — NK d. h. NB = ND seyn, daher ND der Radius und N der gesuchte Mittelpunkt.

Zusatz 12. Ist der kleine Kreis so gegeben, daß in ihm der Mittelpunkt des großen Kreises liegt, so bleibt die Auflösung ganz dieselbe, wovon man sich leicht überzeugen kann.

Zusatz 13. Liegt der Berührungspunkt mit den beiden Mittelpunkten in gerader Linie, oder sind die gegebenen Kreise wohl gar concentrisch, so bedarf es kaum einer Erwähnung, wie die Auflösung nun geschieht.

Zusatz 14. Wäre der Berührungspunkt in P oder C gegeben, nämlich wo die Peripherien mehr zusammen kommen, so ist die Auflösung vollkommen dieselbe, da ja der Ort des Berührungspunktes, bei unserer vorigen Auflösung nichts weiter zur besonderen Lösung beitrug.

Zusatz 15. Sind die Kreise wie hier in einander gegeben, so kann die Aufgabe in keinem Fall, der Berührungspunkt mag liegen wo er will, unmöglich werden; denn dies könnte doch nur geschehen, wenn jener oft erwähnte Perpendikel sich mit der gedachten Verbindungslinie **nicht** schnitte, und dies ist wiederum nur möglich, wenn der Winkel der am Endpunkte der verlängerten Linie, durch die Verbindung dieses Punkts mit dem zweiten Mittelpunkte (wie K oder E), ein rechter Winkel wäre, und dies kann aus folgendem Grunde nie geschehen. Denkt man sich die Mittelpunkte beider Kreise durch eine gerade Linie verbunden, und nennt diese Linie die Centrallinie, so kann dieselbe **höchstens** nur die Differenz der Radien beider Kreise seyn (und dies nur alsdann, wenn beide gegebene Kreise sich von innen berührten), diese Linie liegt aber in den Triangeln OQK, OQE, dem Winkel gegenüber, von dem ich eben behaupte, er könne kein rechter Winkel seyn; denn **könnte** er dies seyn, so wäre die Centrallinie die größte Seite in diesen Triangeln, und das kann sie nicht seyn, weil **eine** in denselben, immer die Summe der beiden Radien ist (wie QE, OK laut Construction), und wir eben gesehen haben, was das Maximum der Centrallinie **nur** seyn kann. Deshalb kann auch der Winkel bei E und bei K noch viel weniger ein stumpfer Winkel seyn.

Anmerk. 2. Liegen die Kreise außer einander, wie im allerersten Falle, so fällt jener Grund mit der Centrallinie weg, daher die Aufgabe unmöglich werden konnte.

Zusatz 16. Schneiden sich die beiden gegebenen Kreise, oder berühren sie sich von **innen** oder **außen**, so wird man in jedem Falle die Construction leicht finden, wenn man das bis hieher Gesagte gehörig gefaßt hat.

Anmerk. 3. Ich übergehe daher diese Lösung hier, da ich schon fürchten muß, für manchen Leser zu weitläuftig gewesen zu seyn.

Anmerk. 4. Wohl schwerlich mögte man noch einen wesentlich neuen Fall dieser Aufgabe finden. Es sollte aber die Beleuchtung einer Aufgabe, in Hinsicht aller möglichen sowohl als unmöglichen Fälle, wie wir es hier thaten, nie vergessen werden.

Lehrsatz. (Fig. 19.)

Bei jedem Vierecke BDFH um einen Kreis, ist die Summe zweier gegenüber liegenden Seiten, gleich der Summe der beiden anderen gegenüber liegenden Seiten.

Beweis. A, C, E und G seyen die Berührungspunkte der Seiten des Vierecks mit der Peripherie des Kreises. Nun ist bekannt daß, wenn man von einem Punkte außerhalb eines Kreises z. B. von B zwei Tangenten zum Kreise fällt BA und BC, beide gleich lang sind, d. h. vom Punkte B bis zu den Berührungspunkten (weil $\triangle BOA \cong \triangle BOC$ ist, indem BO gemeinschaftlich, $OA = OC$ als Radien, und $\angle OAB = \angle OCB$ als rechte Winkel sind, daher die Triangel zwei Seiten und den der größeren Seite gegenüber liegenden Winkel, gleich haben). Aus demselben Grunde ist auch $DC = DE$, $FE = FG$ und $HA = HG$. Wird dies so gesetzt:

$$\left.\begin{array}{l} BC = BA \\ DC = DE \\ FG = FE \\ HG = HA \end{array}\right\} \text{addirt, so erhält man}$$

$$BC + DC + FG + HG = BA + DE + FE + HA \text{ d. h.}$$

$$BD + HF = BH + DF.$$

Welches zu beweisen war. — Zieht man die Linien OB, OD, OF und OH, so werden durch diese die Winkel des Vierecks halbirt, welches aus der Congruenz der Triangel (von denen 2 oben erwähnt sind) folgt.

Anmerk. Ich führte diesen Lehrsatz hier an, weil er in den meisten mathematischen Werken fehlt, und die folgende Aufgabe sich auf ihn bezieht.

5te Aufgabe. (Fig. 19.)

Gegeben ein Viereck HBDF, wo die Summen der gegenüber liegenden Seiten wechselsweise einander gleich sind, man soll in dasselbe einen Kreis beschreiben.

Auflösung. Halbire zwei beliebige Winkel des Vierecks z. B. B und D, und ziehe die Halbirungslinien, bis sie sich im Punkte O schneiden, so ist dies der Mittelpunkt des gesuchten Kreises, und die Perpendikel von ihm auf die Seiten gefällt, sind die Radien.

Beweis. Es ist hier nur die Gleichheit der vier Perpendikel OE, OC, OA und OG zu zeigen, denn alsdann geht der Kreis aus O beschrieben, mit OE durch die Punkte E, C, A und G, und die Seiten des Vierecks werden Tangenten. — Nun ist $\triangle DEO \cong \triangle DOC$ (weil OD gemeinschaftlich, $\angle DEO = \angle DCO$ und $\angle EDO = \angle CDO$ ist), daher $OE = OC$; aus demselben Grunde ist auch $\triangle COB \cong \triangle BOA$, woraus folgt $OA = OC$ also auch $= OE$. Wenn nun der Kreis, welcher aus O mit OE beschrieben, und der jetzt durch die Punkte E, C und A gehen muß, auch durch den Punkt G ginge, so wäre die Aufgabe gelöset. Man nehme daher an, er ginge nicht durch G, sondern ginge wie APEC, so fälle man vom Punkte F zu ihm die Tangente FT, so wäre TBDF ein Viereck um einen Kreis, woraus folgte:

$$DF + BT = BD + TF \text{ (vorigen Lehrsatz).}$$

Es war aber $DF + BH = BD + HF$ gegeben; wird nun die erste dieser Gleichungen von der zweiten subtrahirt, so erhält man: $BH - BT = HF - TF$ d. h. $HT = HF - TF$, oder die Differenz zweier Seiten eines Triangels FTH wäre gleich der dritten Seite, welches unmöglich ist. Eben hierauf wird man stoßen, bei jeder angenommenen Lage des Kreises, die nicht die des Kreises ACEG ist, daher diese die einzig wahre nur seyn kann.

Anmerk. Die gegebene Auflösung folgt offenbar, aus dem zuletzt Gesagten des vorigen Lehrsatzes.

6te Aufgabe. (Fig. 20.)

Gegeben zwei Linien ab und pq, in der einen ein Punkt c, man soll in derselben Linie einen zweiten Punkt x finden so, daß wenn aus ihm als Mittelpunkt ein Kreis beschrieben wird, derselbe durch den Punkt c geht, und die Linie ab eine Tangente zu ihm wird.

Auflösung. Man hat nur nöthig den Punkt x so zu bestimmen daß, wenn man von ihm auf die Linie ab einen Perpendikel fällt, derselbe gleich xc wird. — Wenn die beiden Linien ab und pq parallel laufen, oder verlängert senkrecht auf einander stehen, so ist die Auflösung so einfach, daß sie wohl hier keiner weitern Lösung bedarf. Wir nehmen daher ihre Lage gegen einander beliebig an. Man verlängere zu dem Ende beide Linien, bis sie sich im Punkte m einander schneiden; hier errichte man auf der Linie ab (d. h. auf der, worin der Punkt c nicht gegeben ist), den Perpendikel mn = mc, verbinde n mit c, so wird sich in der Linie ab ein Punkt d ergeben, von welchem behauptet wird, daß ihn der Perpendikel von dem gesuchten Punkte x auf die ab gefällt, treffe, weshalb umgekehrt der Perpendikel in d auf ab, in der Linie pq den Punkt x erzeugen muß.

Beweis. Es ist jetzt zu zeigen, daß dx = xc ist. Wenn man die Triangel cxd und cmn betrachtet, so sind sie ähnlich, weil dx ∥ nm läuft (indem beide Perpendikel auf ab sind); daher verhält sich cm : mn = cx : xd; da nun cm = mn ist, so wird auch cx = xd seyn. Wie zu beweisen war. Man kann nun aus x mit xc den Kreis beschreiben, welcher den Bedingungen der Aufgabe ein Genüge leistet.

7te Aufgabe. (Fig. 21.)

Es ist ein Kreis gegeben, man soll in ihn drei Kreise verzeichnen, welche sich unter sich und den großen Kreis berühren.

Anmerk. Ich werde auch diese Aufgabe auf mehrere Arten lösen, indem sich hier sehr interessante Betrachtungen darbieten, welche die Vortheile des analytischen Weges zeigen.

Analytische Auflösung. Man stelle sich vor, die Aufgabe sey gelöset, und untersuche die Verhältnisse und Verbindungen der gegebenen und der sich ergebenden

Stücke, woraus alsdann die Construction umgekehrt folgen muß. Um aber drei Kreise zu erhalten, die von gleicher Größe sind, sich wechselseitig berühren und alle von einem größern Kreise berührt werden in welchem sie sich befinden, verfahre man folgendermaßen. Man construire ein gleichseitiges Triangel q a s, und indem man eine Seite z. B. die a s in z halbirt, so beschreibe man aus den 3 Winkelspitzen des Dreiecks mit a z die drei kleinen Kreise welche sich wechselseitig berühren müssen. Sucht man jetzt den Mittelpunkt o des Triangels a q s (den man durch Fällung zweier Perpendikel, von den Winkelspitzen auf die gegenüber liegenden Seiten erhält, wie die Figur giebt), und beschreibt aus ihm mit o t (welche Linie man durch die Verlängerung der Linie o s bis zur Peripherie in t erhält) den großen Kreis, so wird er die drei kleinen Kreise in t, c und n berühren, weil o t = o c = o n und die Mittelpunkte mit dem Berührungspunkte in gerader Linie liegen. Wenn man überdies die Punkte c, t und n zum Triangel verbindet, so ist auch dieses neue Triangel c t n gleichseitig, indem $\triangle oct \cong \triangle con \cong \triangle not$ ist (weil zwei Seiten als Radien und die eingeschlossenen Winkel um o gleich sind), daher die Seiten c t, t n und n c gleich seyn müssen.

Diese Construction also, die zugleich die Möglichkeit unserer Aufgabe zeigt, jetzt vorausgesetzt; so haben wir nur nöthig uns umgekehrt vorzustellen, daß wir in den, nunmehr als gegeben angenommenen großen Kreis, das gleichseitige Triangel n t c auf die bekannte Weise beschrieben, und von seinen Winkelspitzen auf die gegenüber liegenden Seiten die Perpendikel c p, t m und n d gefällt hätten; und es ist jetzt nur nöthig, den Radius c a eines der kleinen Kreise zu bestimmen, aus dem Radius o c des großen Kreises und c t der Seite des gleichseitigen Triangels. Nenne c a = x, so wird folgende Proportion richtig seyn: o c : o a = c d : a z, denn es laufen die Seiten des Triangels a s q wechselsweise parallel mit denen des

Triangels ctn (weil oc = ot = on und oa = os = = oq). Nun ist oc als Radius des gegebenen Kreises bekaekannt, oa ist = oc — ac = oc — x, cd ist $= \frac{ct}{2}$ also auduch bekannt und az = x, indem diese Linie auch Radius des kleinen Kreises ist. Diese Werthe in die obige Propoportion substituirt, so wird dieselbe jetzt diese: oc : oc — x = cccd : x; hieraus entsteht folgende neue Proportion: (oc + cd) : cd = oc — x + x : x d. h. (oc + cd) : cd = oc : x; aus dieser Proportion folgt nun der Werth für x durch Construction oder Berechnung, indem die drei ersten Glieder bekannt sind. Also ist $x = \frac{cd \cdot oc}{oc + cd}$, und will man den Werth für oa haben, so ist dieser oa = oc — ac $= oc - \frac{cd \cdot oc}{cd + oc} = \frac{cd \cdot oc + oc^2 - cd \cdot oc}{cd + oc} = \frac{oc^2}{cd + oc}$. Die Fortsetzung der Construction würde, nachdem man die Perpendikel cp, tm und nd gefällt hätte, nun diese seyn: suche die vierte Proportionallinie zur Summe von oc + + cd als erstes Glied, cd als zweites und oc als drittes Glied, so ist dieses der Radius eines der kleinen Kreise, den man nur von c auf cp nach a zu tragen hat, wo sodann aus a beschrieben, sich der erste Kreis, und auf gleiche Weise die anderen Kreise ergeben.

Hierdurch ist also die Aufgabe vollkommen gelöst und auch bewiesen; aber wir können uns vorstellen, die Construction sey nicht von uns gefunden sondern g geben, so haben wir nun folgenden Beweis.

Synthetischer Beweis. Nachdem man die, auf vorgeschriebene Weise gefundene Linie x, von den Punkten c, t und n auf die Perpendikel getragen hat, und zwar nach a, s und q, so verbinde man diese Punkte zum Triangel asq, und es bleibt nur zu zeigen übrig, daß die Linie ac auch die Hälfte jeder der Seiten des Triangels asq ist, denn wäre dies, so müßten die aus a, s und q beschriebenen Kreise sich wechselseitig berühren. Zuerst muß aber noch bewiesen werden, weshalb $\triangle asq$ gleichseitig ist; dies folgt nun daraus, daß $oc = ot = on$ (aus den Eigenschaften des gleichseitigen Triangels hergeleitet), ferner weil $ac = sq = qn$ und daher auch $oa = os = oq$ sind, deshalb sich verhält $oa : ac = os : st$ woraus $as \mathbin{\#} tc$ folgt, eben so $sq \mathbin{\#} tn$ und $qa \mathbin{\#} nc$; indem nun $\triangle ctn$ gleichseitig ist (nach der Construction), so ist dies auch beim $\triangle asq$ der Fall. Um nun zu zeigen, daß $ac = \frac{as}{2}$ ist, schließe man: $oc : oa = ct : as$; für oa kann man setzen $\frac{oc^2}{cd + oc}$ und für $ct = 2cd$, daher $oc : \frac{oc^2}{cd + oc} = 2cd : as$, woraus $as = 2 . \frac{oc^2 . cd}{(cd + oc) oc}$ $= 2 . \frac{oc . cd}{cd + oc}$ folgt, und daher $\frac{as}{2} = az = \frac{oc . cd}{cd + oc}$ ist, welchen Werth auch die Linie ac laut Construction hat. Hierdurch ist bewiesen was nur zu beweisen war.

Zweite Auflösung. Durch Anwendung der 6ten Aufgabe, erhalten wir nun nachfolgende Auflösung. Wenn der Kreis gegeben, in welchen die drei kleineren Kreise beschrieben werden sollen, so verzeichne man in ihn das gleichseitige Triangel nct, und fälle von den Winkelspitzen die Perpendikel auf die gegenüber liegenden Seiten; so ist es nur nöthig, in der Linie no einen Punkt q zu bestimmen, so daß ein Kreis aus ihm mit qn beschrieben, von der Linie tm berührt werde; hat man diesen Punkt und mithin die Linie nq gefunden, so bestimmt diese, von den Punkten t und c auf tm und cp getragen, die Mittelpunkte der anderen beiden Kreise eben so gut. Diese eben erwähnte Aufgabe ist aber genau die sechste Aufgabe, und man hat nur nöthig hier in o auf mo einen Perpendikel $= on$ zu errichten, dessen zweiter Endpunkt mit n verbunden, in der Linie mo den Punkt u bestimmt, wo der Berührungspunkt des gesuchten Kreises mit der Linie tm seyn muß, und woraus man wieder durch einen hier errichteten Perpendikel den Punkt q als gesuchten Mittelpunkt in der no erhält.

Anmerk. Soll ca nach der ersten Auflösung blos berechnet werden, so hat man erst ct zu berechnen, was aus dem $\triangle$cot, wo die beiden Seiten oc = ot als Radien des gegebenen Kreises und $\angle$cot = 120° gegeben sind, leicht geschehen kann.

8te Aufgabe. (Fig. 22, 23, 24, 25 u 26.)

Es sind zwei Linien gegeben, die eine begrenzt die andere unbegrenzt; man soll den Mittelpunkt eines Kreises finden, von dem die begrenzte Linie Sehne und die unbegrenzte Tangente ist.

Auflösung. Die mannigfaltigen Lagen, welche die begrenzte Linie, die wir AB nennen wollen, gegen die unbegrenzte, die CD heißen mag, haben kann, machen folgende Fälle dieser Aufgabe.

Erster Fall. (Fig. 22.) Die Linie AB steht senkrecht in A auf der CD. Halbire AB in O, so ist AO der Halbmesser des verlangten Kreises AEF.

Zweiter Fall. (Fig. 23.) Die Linien AB und CD laufen parallel. — Da AB Sehne des Kreises seyn soll, so halbire man diese Linie in O, so muß in dem Perpendikel EF den man in dieser Mitte auf AB errichtet, der Mittelpunkt des gesuchten Kreises liegen. Da nun CD ⫩ AB, so steht auch EF senkrecht auf CD, und da CD Tangente werden soll, so muß G der Berührungspunkt seyn (diese Sätze müssen natürlich aus der Kreislehre bekannt seyn). Es kommt nun darauf nur an, in der Linie EF einen Punkt zu finden, der gleich weit von G und von A ist, indem jeder Punkt in der EF schon gleich weit von A und von B ist. Deshalb verbinde man G mit A, halbire GA in I und errichte hier den Perpendikel IH bis er in H die EF schneidet, so ist H der gesuchte Mittelpunkt, indem $\triangle$HIA $\cong$ $\triangle$HGI ist (zwei Seiten und der eingeschlossene Winkel in beiden gleich), weshalb HA = HG = HB ist. Wie verlangt war.

Dritter Fall. (Fig. 24.) Die Linie AB steht in ihrer Verlängerung senkrecht auf CD in L. — Man halbire AB in K, so liegt in dem hier auf AB errichteten Perpendikel GF der gesuchte Mittelpunkt. Jetzt schneide man aus dem Punkte A mit der Linie KL den Perpendikel GF in O, so ist O der gesuchte Mittelpunkt; denn indem $\triangle OAK \cong \triangle OBK$ ist, muß auch $OA = OB = KL$ seyn; fällt man nun von O auf CD die Senkrechte OH, so ist diese auch gleich $KL = AO$ (weil LKOH ein Parallelogramm ist), deshalb ist H der Berührungspunkt.

Vierter Fall. (Fig. 25.) Die Linie AB werde in ihrem Endpunkte A von der CD getroffen. — Zuerst wird wieder AB in E halbirt, und der Perpendikel GF hier errichtet; dann errichte man, da A der Berührungspunkt seyn muß, in A auf DC den Perpendikel AH, wo dieser den Perpendikel GF in O schneidet, wird der gesuchte Mittelpunkt seyn. Es ist nämlich, aus der Congruenz der Triangel AEO und BEO folgend, $OA = OB$; und DC Tangente, weil $\angle DAO$ ein rechter Winkel ist.

Anmerk. 1. Daß sich die beiden Linien AB und CD nicht in einem anderen Punkte der AB, als in ihrem Endpunkte schneiden dürfen, folgt aus der Natur der Sehne und der Tangente, wovon Erstere ganz innerhalb, und Letztere ganz außerhalb des Kreises liegen muß, daher der gemeinschaftliche Punkt beider, höchstens der Endpunkt der Sehne (denn die Tangente ist hier unendlich lang) seyn kann. Aus demselben Grunde mußte, im vierten Falle, A der Berührungspunkt seyn.

Fünfter Fall. (Fig. 26.) Die Linien AB und LK (es mag hier LK die unbegrenzte Linie heißen) bilden bei ihrer Verlängerung einen willkührlichen Winkel KDB. — Dieser Fall ist ungleich schwieriger als die früheren, und ich gebe deshalb von ihm folgende:

Analytische Auflösung. Man verlängere beide Linien bis zu ihrem Zusammentreffen in D. Dann halbire man die AB in C, so muß auch diesmal in dem, hier auf der AB errichteten Perpendikel FH der gesuchte Mittelpunkt liegen. Man nehme an G sey derselbe, so ist nicht nur $GA = GB$, sondern wenn man von G auf die LK den Perpendikel GE fällt, so muß auch dieser $= GA$ seyn. Wie aber den Punkt G finden? Wenn man nur den Punkt E hätte, so wäre dies eben so gut, — oder nur die Linie DE müßte bekannt seyn. — Man ziehe DG, so sind die Triangel DGC, DGE, AGC u. s. w. rechtwinklich, und solche Triangel sind allerdings die bequemsten zur Berechnung. Man fange nun an zu sagen: $DE^2 = DG^2 - EG^2$; $DG^2 = DC^2 + CG^2$ und $EG^2 = AG^2 = AC^2 + CG^2$, deshalb wird seyn
$DE^2 = DC^2 + CG^2 - AC^2 - CG^2 = DC^2 - AC^2 = (DC + AC) \times (DC - AC)$*) $= (DC + CB) \times (DC - AC) = DB . DA$. Ist aber $DE^2 = DB . DA$, so folgt die Proportion: $DB : DE = DE : DA$ d. h. die unbekannte gesuchte Linie DE, ist die mittlere Proportionallinie zwischen der DB und der DA. Hieraus nun folgt folgende

Construction. Nachdem man den Perpendikel FH in der Mitte der AB auf AB errichtet hat, verlängere man beide Linien AB und LK, bis sie sich in den Punkt D schneiden. Nun halbire man die ganze DB in O, und beschreibe aus O mit OB den Halbkreis BID; errichte ferner in A den Perpendikel AI bis zur Peripherie, und ziehe DI, so ist diese Linie DI die mittlere Proportionallinie zwischen DB und DA, welche gesucht wurde**), und die daher auf DE aufgetragen, den Punkt

*) Weil die Differenz zweier Quadrate gleich einem Product aus der Summe und Differenz der beiden Wurzeln ist;

$$a^2 - b^2 = (a + b) . (a - b).$$

**) Wenn man I mit B verbindet, so ist das Triangel DIB rechtwinklich, weil der Winkel DIB ein Winkel im Halbkreise ist.

E giebt, woraus wieder mittelst einer Senkrechten in E auf DK, der Mittelpunkt G sich ergiebt.

Um auch bei dieser Aufgabe nichts zu wünschen übrig zu lassen, so folgt noch folgender

Synthetischer Beweis. Nachdem die eben erwähnte Construction vollzogen ist, bleibt nur blos zu beweisen übrig, daß der Perpendikel GE = GH ist, denn GA ist schon gleich GB. Daß dies blos aus der Annahme, DE = DI sey die mittlere Proportionallinie zwischen DB und DA, bewiesen werden muß, versteht sich von selbst. — Man ziehe DG (welche Linie aus der gegebenen Construction nicht folgt, sondern von der vorigen analytischen Auflösung herrührt), so sind $\triangle$DEG und DCG rechtwinklich, deshalb $GE^2 = GD^2 - ED^2$ und weil $GD^2 = DC^2 + CG^2$, so ist $GE^2 = DC^2 + CG^2 - ED^2$. Nun ist $DC = DA + AC$, folglich
$GE^2 = CG^2 + (DA + AC)^2 - ED^2$. Zufolge der Construction ist aber $ED^2 = DI^2 = DB.DA = (DA + AB)DA = (DA + 2AC)DA = DA^2 + 2AC.DA$; deshalb wird jetzt:

$$GE^2 = CG^2 + (DA + AC)^2 - ED^2$$
$$= CG^2 + DA^2 + 2DA.AC + AC^2 - DA^2 - 2AC.DA$$
$$= CG^2 + AC^2.$$

Weil nun Triangel ACG rechtwinklich ist, so ist auch $CG^2 + AC^2 = AG^2$, daher $GE^2 = AG^2$, woraus GE = AG folgt. Welches zu beweisen war. —

Anmerk. 2. Daß bei der analytischen Auflösung alles angewandt werden müßte, die unbekannte Linie DE durch DA, AB oder DB auszudrücken, läßt sich leicht einsehen, weil dies ja die einzigen bekannten Linien, in Hinsicht ihrer Grenzen sind.

Anmerk. 3. Es mögte sich wohl schwerlich ein 6ter Fall, der ein wesentlich neuer wäre, für diese Aufgabe finden lassen.

Daß nun DB : DI = DI : DA, folgt aus der Lehre von der Aehnlichkeit.

9te Aufgabe. (Fig. 27.)

Um den Mittelpunkt C sind zwei concentrische Kreise dba und TV beschrieben (vom letzteren Kreise hier nur ein Bogen); in der Peripherie jedes Kreises bewegt sich ein Punkt, vom Punkte C aus gesehen, von der rechten Hand gegen die linke; der Punkt im kleinen Kreise vollendet den Kreis in einer unbekannten Zeit, der Punkt im großen Kreise in der bekannten Zeit I; wenn nun der Punkt des großen Kreises sich in T befindet, so ist der des kleinen Kreises in m d. h. mit T und C in gerader Linie; der Punkt m rückt jetzt vor, und wenn der Punkt T in V angekommen ist, ist m nach der Vollendung eines ganzen Kreises schon wieder bis n vorgerückt, d. h. abermals mit V und C in gerader Linie; nun ist der Bogen TV in Z Zeit vollendet, und es fragt sich: wie viel Zeit der Punkt des kleinen Kreises zur Vollendung eines Umlaufs braucht.

Auflösung. Der Bogen mn welchen der Punkt des kleinen Kreises über einen Kreis vollendet, ist dem Bogen TV ähnlich, deshalb suche man die Grade des Bogens TV, indem man schließt: $I : Z = 360^\circ : x^\circ$, und x ist $= \frac{360 . Z}{I}$; so groß ist also auch der Bogen mn, welcher zur Peripherie des kleinen Kreises hinzuaddirt, den Bogen mbadn $= 360^\circ + \frac{360 Z}{I} = \frac{360 I + 360 Z}{I} = \frac{360 (I + Z)}{I}$ giebt. Wenn also der Punkt des kleinen Kreises, diesen Bogen in derselben Zeit vollendet, wo der Bogen TV beschrieben ist, so ist dies auch Z Zeit, und man kann wieder sagen: wenn dieser Bogen in Z Zeit vollendet wird, in wie viel Zeit werden nur 360 Grade, oder ein einmaliger Umlauf vollendet; dies giebt folgenden Ansatz: $\frac{360 (I + Z)}{I} : 360 = Z :$ unbekannten Zeit, diese ist daher

$= \frac{360 . Z}{\frac{360 (I + Z)}{I}} = \frac{360 Z . I}{360 (I + Z)} = \frac{Z . I}{(Z + I)}$; offenbar eine sehr einfache Formel.

Zusatz 1. Wenn aber der Punkt des kleinen Kreises, sich in entgegengesetzter Richtung bewegt hätte, d. h. indem der Punkt des großen Kreises von T bis V rückt, hätte er nur den Bogen mabn (also noch keinen ganzen Kreis) vollendet; welcher Ausdruck würde nun wenn I und Z unverändert bleiben, den Umlauf angeben? — Offenbar die Formel $\frac{Z . I}{(I - Z)}$, — denn der Bogen mabn ist ja jetzt nur

$$360° - mn = 360° - \frac{360 Z}{I} = \frac{360 (I - Z)}{I} \text{ u. s. w.}$$

Zusatz 2. Hätte aber der Punkt des großen Kreises die entgegengesetzte Bewegung gehabt, also den Bogen durchlaufen, dessen Supplement der Bogen TV ist, und welchen wir THV nennen wollen (die Figur zeigt ihn nicht weiter), der Punkt des kleinen Kreises aber seine Richtung behalten und wieder den Bogen mbamn durchlaufen; wie würde jetzt die Formel lauten? — Der Ausdruck für den Bogen THV ∾ mabn wäre auch jetzt noch $= \frac{360 Z}{I}$, daher der Bogen TV ∾ mn $= 360° - \frac{360 Z}{I} = \frac{360 (I - Z)}{I}$; wird dieser Bogen zu 360° addirt, so erhält man den Bogen mban $= 360 + \frac{(360 I - Z)}{I} = \frac{360 (2 I - Z)}{I}$; schließt man nun wieder: $\frac{360 (2 I - Z)}{I} : 360 = Z :$ unbekannten Zeit, so wird dieselbe $= \frac{I . Z}{2 I - Z}$.

Zusatz 3. Endlich sey die Bewegung sowohl im großen als im kleinen Kreise, der ursprünglich angenommenen entgegengesetzt, daher wieder beide nach derselben Richtung; der Punkt im kleinen Kreise vollende jetzt durch sein

Voreilen den Kreis mabm und überdies noch den Bogen mabn; wie wird nun die Formel werden? — Sie wird wieder ganz die zuerst erhaltene Formel $\frac{I.Z}{(I+Z)}$ werden, weil der Ausdruck für den Bogen THV ∾ mabn wieder $\frac{360\,Z}{I}$ wird, und der Gang der Rechnung durchaus derselbe ist wie dort.

Anmerk. 1. Es bleibt die Aufgabe ganz dieselbe, wenn man sich den ganzen Kreis mba um seinen Mittelpunkt sich drehend denkt, und den Punkt m als einen festen Punkt annimmt. Bedeutet nun z. B. jener kleine Kreis den Durchschnitt der Sonnenkugel und m ist ein Sonnenfleck, TV aber einen Theil der Erdbahn, so kann man aus der Zeit, wo die Erde sich von T bis V bewegt, wenn man in diesen beiden Punkten einen Fleck gerade mitten auf der Sonnenscheibe beobachtet hat, die Drehung der Sonne um ihre Achse finden, wenn man die Richtung der Bewegung des Flecks (nach der rechten oder linken Hand von der Sonne aus gesehen) kennt, welche so ist, wie unsere erste Auflösung sie annahm. Die Zeit I ist alsdann unser Jahr, und Z die Zwischenzeit der Beobachtungen; wenn diese Zeit nun z. B. $27\frac{1}{5}$ Tage wäre, und $I = 365\frac{1}{4}$ angenommen würde, so gäbe die Formel

$$\frac{I\,Z}{(I+Z)} = \frac{\frac{80355}{8}}{\frac{1571}{4}} = \frac{80355}{3142} = 25{,}8 \text{ Tage}$$

oder 25 Tage und etwa 19 Stunden für jene Umwälzung der Sonne

Anmerk. 2. Daß diese Angaben, so wie unsere ganze Rechnung, nur runde Zahlen angeben, die bei wirklichen Beobachtungen kleine Aenderungen erleiden, muß, zur Vermeidung von Mißverständnissen, erwähnt werden; das Nähere hierüber zu sagen, ist hier der Ort nicht.

10te Aufgabe. (Fig. 28.)

In einem Kreise EGF ist ein zweiter Kreis DHK gegeben, der den ersten im Punkte L berührt; man verlangt zwei Kreise von gleicher Größe, noch innerhalb des großen Kreises zu construiren, die sich unter sich und beide gegebene Kreise berühren.

Auflösung. Da die beiden verlangten Kreise von gleicher Größe seyn sollen, so müssen sie offenbar zu beiden Seiten des Durchmessers LN (für den großen gegebenen Kreis, der zugleich durch den Mittelpunkt des kleinen Kreises geht) liegen, wegen der hier befindlichen congruenten Flächen. Aber, da sich die beiden Kreise auch unter sich berühren sollen, so müssen sie wieder beide den Durchmesser LN zur gemeinschaftlichen Tangente haben, da sich sonst kein Punkt angeben läßt, den sie gemeinschaftlich haben könnten. Wir brauchen aber wegen der Gleichheit der beiden Kreise, nur einen zu betrachten, und dies sey der als bereits gefunden angenommene Kreis CED. Nun suche man die Lage des Mittelpunkts zu bestimmen, so hat man alles. Denkt man sich diesen Punkt Q mit den Mittelpunkten B und A der gegebenen Kreise verbunden, und verlängert die Linie BQ bis E, so sind die Punkte E und D die Berührungspunkte, und EQ = QD = dem unbekannten Radius, der x heißen mag; fällt man nun noch von Q auf NL den Perpendikel QC, so ist auch dieser = QD = x, da ja LN ein Tangente seyn muß.

Es kommt jetzt alles auf den Punkt C in der Linie LN, und auf den Radius x an; bekannt ist uns nichts weiter als der Radius des großen Kreises BE den wir R, der des kleinen Kreises der r, und die Entfernung der beiden Mittelpunkte von einander d. h. BA die wir d nennen wollen; zu bestimmen sind hieraus BC die y heißen mag, und x.

Aus der Natur berührender Kreise folgt nun, daß $AQ = AD + DQ = r + x$, $BQ = BE - QE = R - x$ ist. Wenn man jetzt die beiden rechtwinklichen Triangel AQC und BQC betrachtet, so lassen sich folgende beide Gleichungen bilden: 1) $BC^2 = BQ^2 - QC^2$, oder $y^2 = (R - x)^2 - x^2 = R^2 - 2Rx + x^2 - x^2 = R^2 - 2Rx$. 2) $AC^2 = AQ^2 - QC^2$, oder $(d + y)^2 = (r + x)^2 - x^2$ d. h. $d^2 + 2dy + y^2 = r^2 + 2rx + x^2 - x^2 = r^2 + 2rx$. Wird hiervon die erste Gleichung subtrahirt, so bleibt die neue Gleichung: 3) $d^2 + 2dy = r^2 + 2rx - R^2 + 2Rx$. Aus dieser Gleichung den Werth von x entwickelt, erhält man $x = \frac{d^2 + 2dy + R^2 - r^2}{2(R + r)}$. Aus der ersten Gleichung aber, wird der Werth für $x = \frac{R^2 - y^2}{2R}$ gefunden; setzen wir nun diese beiden Werthe für x einander gleich, so erhalten wir: $\frac{d^2 + 2dy + R^2 - r^2}{2(r + R)} = \frac{R^2 - y^2}{2R}$ hieraus wird nun

$$2d^2R + 4dyR + 2R^3 - 2Rr^2 = 2rR^2 - 2ry^2 + 2R^3 - 2Ry^2$$

Wird von beiden Seiten $2R^3$ subtrahirt, und die ganze Gleichung durch 2 dividirt, so erhält man

$$d^2R + 2dyR - Rr^2 = rR^2 - ry^2 - Ry^2.$$

Werden alle Größen die y enthalten auf die linke, die bekannten Größen auf die rechte Seite der Gleichung geschafft, so wird dieselbe folgende:

$$Ry^2 + ry^2 + 2dyR = rR^2 - d^2R + Rr^2$$

$$(R + r)y^2 + 2dyR = (rR - d^2 + r^2)R$$ hieraus wird

$$y^2 + \frac{2dyR}{R + r} = \frac{(rR - d^2 + r^2)R}{R + r}.$$

So sind wir auf die allgemeine Formel der unreinen quadratischen Gleichungen gekommen, nach deren Theorie aus dieser Form, nun folgende wird:

$$y^2 + \frac{2dyR}{R+r} + \frac{d^2R^2}{(R+r)^2}$$

$$= \frac{(rR - d^2 + r^2)R}{R+r} + \frac{d^2R^2}{(R+r)^2}$$

$$= \frac{(rR - d^2 + r^2)(R+r)R}{(R+r)(R+r)} + \frac{d^2R^2}{(R+r)^2}$$

$$= \frac{rR^3 - d^2R^2 + r^2R^2 + r^2R^2 - d^2rR + r^3R + d^2R^2}{(R+r)^2}$$

$$= \frac{rR^3 + 2r^2R^2 - d^2rR + r^3R}{(R+r)^2}$$

$$= \frac{rR^3 + 2r^2R^2 + r^3R}{(R+r)^2} - \frac{d^2rR}{(R+r)^2}$$

$$= Rr - \frac{d^2rR}{(R+r)^2}$$

Wird auf beiden Seiten die Quadratwurzel ausgezogen, so bekommt man:

$$y + \frac{dR}{(R+r)} = \sqrt{\left(Rr - \frac{d^2rR}{(R+r)^2}\right)}$$ und endlich ist

$$y = \sqrt{\left(Rr - \frac{d^2rR}{(R+r)^2}\right)} - \frac{dR}{(R+r)}.$$

Hiernach kann nun auch x berechnet werden.

Zusatz 1. Es sey $R = 3$ und $r = 2$, so wird der Ausdruck für

$$y = \sqrt{\left(3.2 - \frac{1^2.2.3}{(3+2)^2}\right)} = \sqrt{\left(6 - \frac{6}{25}\right)} = \sqrt{\frac{144}{25}} = \frac{12}{5}$$

hiervon wird subtrahirt $\frac{1.3}{3+2} = \frac{3}{5}$, deshalb ist

$$y = \tfrac{9}{5} = \tfrac{18}{10} = 1{,}8.$$

Nimmt man den Werth für $x = \frac{R^2 - y^2}{2R}$ so wird dieser jetzt

$$= \frac{9 - 3{,}24}{6} = \frac{5{,}76}{6} = 0{,}96.$$

Zusatz 2. Die Auflösung wäre ganz dieselbe gewesen, wenn auch die beiden gegebenen Kreise sich nicht berührt, ja selbst wenn sie sich geschnitten hätten.

FSC
www.fsc.org
MIX
Papier | Fördert
gute Waldnutzung
FSC® C083411

Zeitfracht Medien GmbH
Ferdinand-Jühlke-Straße 7
99095 Erfurt, Deutschland
produktsicherheit@kolibri360.de